中老年零基础 学智能手机

手机操作+微信应用+网上购物+娱乐与安全

大字大图版

王丽英◎编著

北京大学出版社

PEKING UNIVERSITY PRESS

内 容 提 要

本书是作者 3 年来通过网络教长辈使用智能手机的经验总结，是专为中老年朋友量身打造的智能手机使用教程。

全书共 5 篇 21 章内容。第 1 篇讲解智能手机的基础功能应用，如点击、长按、上下左右滑动、放大缩小图片、放大声音和字体、打电话、保存联系人、发送短信、看天气和日历、拍摄照片等；第 2 篇讲解手机操作扩展功能，如连接 Wi-Fi、安装应用程序、清理手机多余数据等；第 3 篇详细介绍了微信应用程序，包括注册、绑定银行卡、朋友圈操作、微信群操作、红包操作、微信小程序操作、微信出行操作等；第 4 篇介绍生活购物的操作，包括支付宝注册及操作、淘宝购物操作、美团外卖操作等；第 5 篇介绍百度地图、腾讯视频、喜马拉雅、腾讯新闻、抖音短视频、手机财产安全与防诈骗等娱乐、出行和安全方面的内容。本书采用问答和步骤演示的方式进行讲解，介绍的操作方法能够解决中老年朋友学习智能手机碰到的各种问题，可以说是一本中老年朋友使用、学习智能手机的常用工具书，有书在手不再求人，随查、随学、随用。

本书内容丰富，操作实用，步骤演示详细，非常适合想要用好智能手机和应用程序的中老年读者阅读，也适合老年大学和教育机构及其他对智能手机不熟悉的读者作为学习教材。

图书在版编目（CIP）数据

中老年零基础学智能手机：手机操作＋微信应用＋网上购物＋娱乐与安全：大字大图版 / 王丽英编著 . — 北京：北京大学出版社，2023.4

ISBN 978-7-301-33768-4

Ⅰ.①中… Ⅱ.①王… Ⅲ.①移动电话机 – 中老年读物 Ⅳ.① TN929.53-49

中国国家版本馆 CIP 数据核字 (2023) 第 036061 号

书　　　名	中老年零基础学智能手机：手机操作＋微信应用＋网上购物＋娱乐与安全（大字大图版） ZHONGLAONIAN LINGJICHU XUE ZHINENG SHOUJI: SHUOJI CAOZUO＋WEIXIN YINGYONG＋WANGSHANG GOUWU＋YULE YU ANQUAN (DAZI DATU BAN)	
著作责任者	王丽英　编著	
责 任 编 辑	刘沈君	
标 准 书 号	ISBN 978-7-301-33768-4	
出 版 发 行	北京大学出版社	
地　　　址	北京市海淀区成府路 205 号　100871	
网　　　址	http://www.pup.cn　新浪微博：@ 北京大学出版社	
电 子 邮 箱	编辑部 pup7@pup.cn　总编室 zpup@pup.cn	
电　　　话	邮购部 010-62752015　发行部 010-62750672　编辑部 010-62570390	
印 刷 者	北京宏伟双华印刷有限公司	
经 销 者	新华书店	
	787 毫米 ×1092 毫米　16 开本　12.25 印张　175 千字	
	2023 年 4 月第 1 版　2024 年 11 月第 2 次印刷	
印　　　数	3001-5000 册	
定　　　价	69.00 元	

前 言

INTRODUCTION

据人民网信息，民政部养老服务司统计，截至 2021 年底，我国 60 岁及以上老年人达到 2.67 亿，占总人口数量的 18.9%。随着社会老龄化的日益加重，老年人越来越多，所占人口比例也越来越高，老年人的学习热情在蓬勃发展，力求老有所学，老有所乐，老有所教，老有所为，但追求精神生活的老年人却面临着老年大学"一座难求"和现实生活中"想学没人教"的尴尬局面。

"科技是第一生产力"，随着科技的不断发展与进步，智能手机已经成为当下人人皆备的电子产品。手机已经不仅是打电话、发信息的联络工具，它在支付、交通出行、医疗服务等各个领域给我们的生活带来了极大的便利。面对数字化智能化浪潮、子女远离的情况，老年人这个庞大的群体也需要通过智能手机获取信息资讯、感受美好生活、保持社交关系，智能手机更成为一种学习新知识的重要工具。

不过，智能手机中收付款、网上购物等日常操作，对于年轻人来说非常简单，但对于中老年朋友来说却是比较困难的一件事情。这是因为，经过调查发现，很多中老年朋友想学习使用智能手机，但是缺乏一定的学习环境，儿女们大多不在身边，自己周边的朋友也都跟自己年纪差不多，对于智能手机这种"新鲜事物"的操作也都不太熟悉，又担心弄坏了好几千块钱的"宝贝"；另外一个原因就是很难找到适合学习的教程，网络上的教程大多以视频为主，中老年朋友年纪比较长，视力不太好，看不清楚，而且视频速度非常快，还没来得及操作，教程就讲完了！

基于此，为响应国务院办公厅《关于切实解决老年人运用智能技术困难的实施方案》的要求和全国老龄办开展的"智慧助老"行动，笔者根据 3 年教授长辈使用智能手机的经验，专为中老年朋友打造了这本学习教程。本书采用大字大图、一步一图的方式讲解智能手机的使用方法，中老年朋友可以随时翻阅学习本书或者在"银发乐龄"抖音号上观看相关教学视频。

全书共 5 篇 21 章内容，从智能手机的基本操作开始讲解，逐步过渡到大量热门且常用的应用软件，结合笔者多年教授中老年朋友使用智能手机的经验，挑选出每个应用软件中使用频率最高的功能，对每个功能的每个步骤进行图片解析，即使是零基础的长辈朋友也能够一看就懂，一学就会，学习体验更加高效。

▶ 暖心提示

　　不同型号的手机，有些图标会略有不同，部分应用程序升级，操作步骤也会与本书中涉及的步骤略有不同。另本书中的图片均为应用程序使用截图，图片内容不代表个人观点。

读者可以用微信扫一扫左下方二维码，关注官方微信公众号，输入本书 77 页的资源下载码，根据提示获取随书附赠的同步教学视频、PPT 教案和素材文件，也可以扫描右下方二维码观看视频教程。

由于作者知识水平有限，书中难免有错误和疏漏之处，敬请广大读者批评、指正，联系抖音号：银发乐龄（yinfaleling)。

目　录

CONTENTS

操作基础篇

操作提高篇

微信详解篇

生活购物篇

出行、娱乐与安全篇

操作基础篇

01

PART

第 1 章

使用智能手机，这些基本操作必须知道

学习使用智能手机，我们首先要知道智能手机的一些基本操作，点击手机屏幕上的应用，我们就可以打开软件；左右、上下滑动智能手机，我们就能够看到更多的信息；看不清楚图片上的某一处小细节，或者是看不清楚图片上的文字，我们还可以放大图片。下拉、拖动等也都是非常常用的手机基本操作。

1.1 想要启动手机软件？我们只需要点击它

点击是非常常用的手机操作，点击主要用于启动手机软件，选择功能项目等。比如，我们想要启动微信，点击它，如图 1-1 所示，就可以打开微信了。

▶ 图 1-1

1.2 长按有妙用，可以调出很多功能

长按就是用手指按住超过两秒钟，常用于调出功能菜单，比如长按"支付宝"，如图 1-2 所示，我们就能够调出功能菜单。

▶ 图 1-2

1.3 想要移动手机桌面上的应用图标，我们可以拖动它

拖动就是按住并拖动，该操作常用于移动手机桌面上的应用图标。比如想移动支付宝软件在手机桌面上的位置，我们就可以按住并拖动它，往左拖动就向左移动，往右拖动就向右移动，如图 1-3 所示。

▶ 图 1-3

1.4 **想查看手机上的更多内容，我们只需要学会左右、上下滑动手机屏幕**

❶ 左右滑动

比如我们手机桌面上有很多的软件，一页并不能容纳下所有的手机软件，这时候我们用手指左右滑动手机屏幕，如图 1-4 所示，就能够更换手机页面，查看更多的手机软件了。

❷ 上下滑动

比如我们在看新闻的时候，一个页面并不能容纳下所有的新闻内容，如果想要查看更多内容，这时候我们往下滑动屏幕就可以了，想再返回查看上面的新闻，这时候向上滑动就可以了，如图 1-5 所示。

▲ 图 1-4   ▲ 图 1-5

1.5 **看不清楚图片上的小细节或文字？我们可以这样放大图片**

❶ 放大图片

看图片的时候，如果我们想要看清楚某一个小细节，这时候就需要我们放大图片。我们只需要把两根手指放到图片上，向任意方向扩张，就能够放大图片，如图 1-6 所示。

❷ 缩小图片

上面我们讲了放大图片是向外扩张，那么缩小图片的话，我们只需要向中间聚拢就可以了，如图 1-7 所示。

把两根手指放在手机屏幕上，向任意方向扩张都可以放大图片，图片上的字同样也就放大，变清楚了

▲ 图 1-6

把两根手指放到手机屏幕上，从任意方向向中间聚拢都可以缩小图片

▲ 图 1-7

第**2**章

视力、听力不好？
手机字体及音量可以这样调

▶ 很多长辈反映自己的视力、听力有所下降，有时候手机上的字太小，看不清楚，手机铃声太小，有时候会错过比较重要的电话，因为自己不会调整，所以只能默默忍受。其实，手机是非常智能的，我们可以根据自己的需求，任意调整手机的音量或者是文字的大小，让手机去适应我们，而不是我们去适应手机！

2.1 手机上的字太小，看不清楚？我们可以这样设置字体大小

步骤 **1** ▶ 打开手机，在手机桌面上找到"设置"图标，点击打开它，如图 2-1 所示。

步骤 **2** ▶ 打开"设置"后，通过上下滑动，找到跟"显示"相关的内容，比如我的手机设备上是"显示和亮度"，找到之后，点击打开它，如图 2-2 所示。

▲ 图 2-1

找到"显示"相关选项并点击它

▲ 图 2-2

步骤 **3** ▶ 找到与"字体大小"相关的内容选项，点击它，比如我的设备是"字体大小与粗细"，如图 2-3 所示，点击它。

步骤 **4** ▶ 按住中间的圆圈向右滑动，字体就可以变大了，如果你的手机像我的一样有字体加粗这个选项的调节，你可以按住圆圈向右滑动，加粗字体。放大文字，或者加粗文字，都可以让手机上的字看得更加清楚，具体操作方法如图 2-4 所示。

▲ 图 2-3

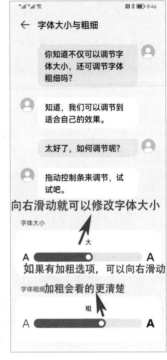

▲ 图 2-4

2.2 年纪大了，手机声音听不到？我们可以这样把音量调大

步骤 **1** ▶ 打开手机，在手机桌面上找到"设置"图标，点击打开它，如图 2-5 所示。

步骤 **2** ▶ 上下滑动，找到"声音和振动"，如图 2-6 所示，点击它。

▲ 图 2-5

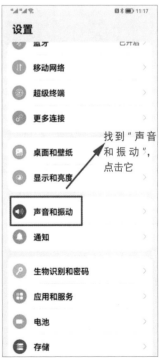

▲ 图 2-6

步骤3▶ 按住图2-7中的"来电、信息、通知"选项下方的圆圈向右拖动，来电铃声、短信等声音就会变大，也有的手机这个内容显示为"铃声"。

步骤4▶ 按住图2-8中的"闹钟"选项下方的圆圈拖动，就可以调整闹钟音量的大小了，向右声音变大，向左声音变小。

步骤5▶ 按住图2-9中的"音乐、视频、游戏"下方的圆圈向右拖动就能调大"音乐、视频、游戏"的音量，这个内容有的手机显示为"媒体音量"。

步骤6▶ 通话声音小，没关系，按住图2-10中的"通话"下方的圆圈向右拖动，就能够增大通话音量。

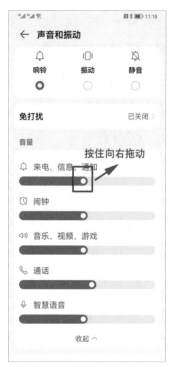

▲ 图2-7

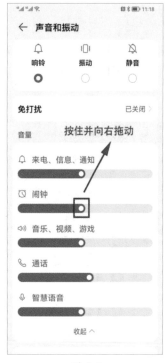

▲ 图2-8

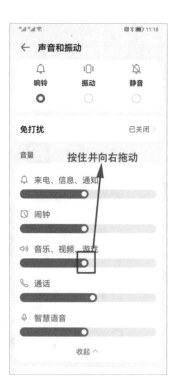

▲ 图2-9

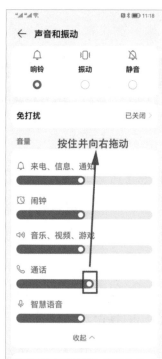

▲ 图2-10

第 3 章

手机里那些常用的功能设置，每个长辈都用得到

▶ 手机电话突然没声音了？可能是你不小心把手机调成了振动或静音模式；走夜路看不清楚，或者家里突然没电了？不要手忙脚乱，手机自带手电筒，一键打开就可以了。

3.1 如何调节手机静音、震动、响铃模式

手机来电时铃声不响了？可能是你不小心把手机调成了静音或者是振动模式，你可以这样调节恢复。

步骤 **1** ▶ 用手指按住手机屏幕的最上方向下滑动，如图 3-1 所示，我们就可以找到相关的内容。

步骤 **2** ▶ 找到铃声相关的标志，你可以自己看一下，显示的是什么内容，如果显示的是静音，你就用手指点击一下，如图 3-2 所示，就可以切换成响铃或者是振动了。

▲ 图 3-1

▲ 图 3-2

步骤 **3** ▶ 如果是响铃，如图 3-3 所示，你想切换成振动或者静音，也可以点击它，进行切换。

步骤 **4** ▶ 如果是振动，一般它会显示成手机标志，旁边有两个抖动的波纹图标，你也可以点击它，如图 3-4 所示，切换到静音或者是响铃模式。

总之，调节手机响铃、静音、振动模式非常简单，你只需要从手机屏幕最顶端用手指向下滑动，找到相关的标志，点击它，就可以进行这 3 种模式之间的切换了。

▲ 图 3-3

▲ 图 3-4

3.2 如何打开手机电筒

遇到夜里停电，晚上上楼楼道黑暗，不用买手电筒，你只需要打开手机，分分钟就能够打开自己的手机手电筒呢！

步骤 **1** ▶ 打开手机，用手指按住手机屏幕最上方向下滑动，如图 3-5 所示。

步骤 **2** ▶ 找到"手电筒"，点击它，如图 3-6 所示，手电筒就打开了。

步骤 **3** ▶ 那么有的长辈就会问，我的手电筒打开了该怎么关闭呢？同样是按照"步骤 1"操作，找到手电筒，点击它就可以关闭了，如图 3-7 所示，大家可以留意下，这时候手机上的手电筒标志一般从蓝色变成灰色，就关闭电筒了！

▲ 图 3-5

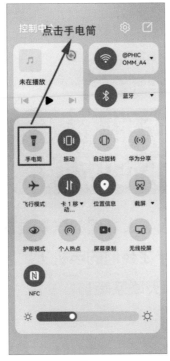

▲ 图 3-6

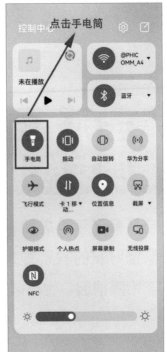

▲ 图 3-7

第 4 章

掌握手机通话功能，
亲戚朋友再也不怕断联

▶ 自从有了手机之后，人与人之间的联系更加紧密了，我们可以把自己亲密好友的联系方式存在我们的手机上，想联系谁就联系谁，即使大家相隔很远，也可以每天联系哦！

4.1 如何用手机打电话

步骤**1**▶ 在自己的手机屏幕上找到绿色的电话标志，如图 4-1 所示，一般会在我们的手机屏幕下方，很好找，找到之后点击它。

步骤**2**▶ 一般点击电话标志之后，我们就可以看到自己的通话记录，我们可以上下滑动找到自己想要打电话的人，如果自己保存过这个人的电话，就会显示人名；如果没有保存过，就会显示电话号码，如图 4-2 所示，点击人名或电话号码，都可以打电话。

步骤**3**▶ 如果在通话记录里找不到，我们也可以点击下方的"联系人"，去自己的手机通讯录里面查找。我们通过上下滑动，可以查看到更多的联系人，找到自己想要通话的人，然后点击他的名字，如图 4-3 所示。

▲ 图 4-1

步骤 **4** ▶ 点开联系人后，旁边会有一个电话的标志，如图 4-4 所示，我们点击它就可以与这个人通话了。

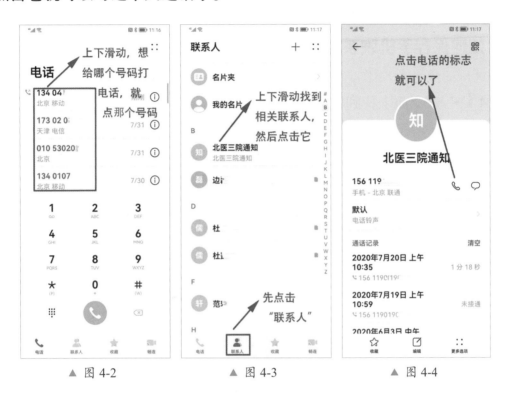

▲ 图 4-2　　　　　▲ 图 4-3　　　　　▲ 图 4-4

4.2 如何接听电话

如图 4-5 所示，我们可以点击绿色的电话标志接听电话，点击红色电话标志挂断电话。

如图 4-6 所示，如果手机屏幕上的电话标志旁边有箭头，就需要我们向着箭头方向滑动接通或者挂断电话，按住绿色电话标志向箭头方向滑动就可以接通电话，按住红色电话标志向箭头方向滑动就可以挂断

▲ 图 4-5　　　　　▲ 图 4-6

电话。除了图示的箭头方向外，有的箭头还会出现在屏幕的右方或者左方，同样按住标志向箭头方向滑动，即可接通或者挂断电话。

4.3 如何保存手机联系人

步骤1▶ 在桌面上找到电话标志，如图4-7所示，一般都会在手机屏幕的下方，点击它。

步骤2▶ 如图4-8所示，先找到"联系人"选项，然后点击它，上方右上角会出现一个"＋"，点击"＋"。

▲ 图4-7

▲ 图4-8

步骤3▶ 如图4-9所示，进入编辑页面，按照前方的提示，我们可以输入"姓名""电话"等信息，按照对应的选项输入相关内容，然后点击右上角的"√"，即可保存。

步骤4▶ 如图4-10所示，新的联系人已经保存成功了。

▲ 图4-9

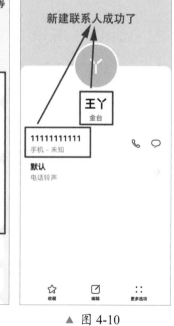
▲ 图4-10

4.4 如何查找手机联系人，并与他通话

步骤1 ▶ 在手机屏幕上找到电话标志，如图 4-11 所示，然后点击它。

步骤2 ▶ 点击屏幕下方的"联系人"，就进入自己的手机通讯录了，如图 4-12 所示，上下滑动可以查看更多的联系人，想跟谁通话就点击谁的名字。

步骤3 ▶ 联系人的名字旁边有一个电话的标志，如图 4-13 所示，点击它，就可以给他打电话了。

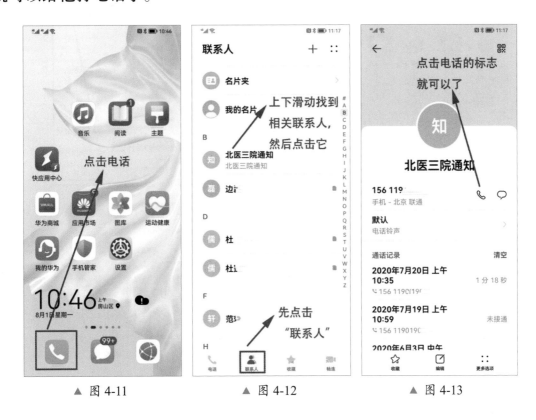

▲ 图 4-11   ▲ 图 4-12   ▲ 图 4-13

4.5 如何删除手机联系人

步骤1 ▶ 在手机屏幕上找到电话标志，如图 4-14 所示，然后点击它。

步骤2 ▶ 点击屏幕下方的"联系人"，就进入自己的手机通讯录了，如图 4-15 所示，上下滑动就可以查看更多的联系人，想删除哪个联系人就点击他的名字。

步骤**3** ▶ 点击右下角的"更多选项"，就会出现很多选项，点击其中的"删除联系人"，如图4-16所示。

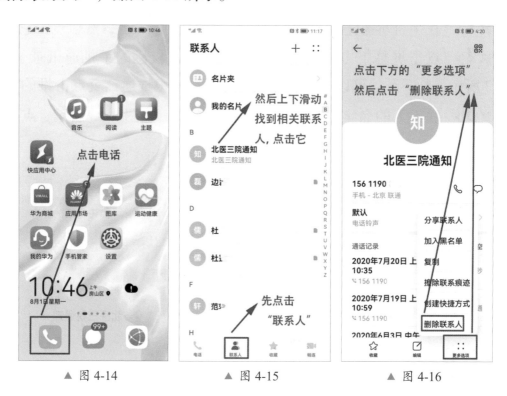

▲ 图 4-14　　　　　　▲ 图 4-15　　　　　　▲ 图 4-16

步骤**4** ▶ 先选中"我已阅读并了解"，然后再点击"删除"，如图4-17所示，即可删除所选联系人。

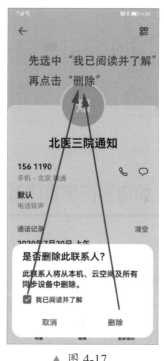

▲ 图 4-17

第5章
某些场合接打电话不方便，重要事情可以使用手机短信联系

▶ 有些场合接打电话不方便，我们可以使用手机短信与好友联系，在登录很多手机软件的时候，我们也会用到手机短信验证码，所以短信在我们的日常生活中也是非常重要的。

5.1 如何回复短信

步骤 **1** ▶ 在手机桌面上找到信息，如图 5-1 所示，然后点击它。

▶ 图 5-1

步骤 2 ▶ 想回复哪条信息就点击那条信息，如图 5-2 所示。

步骤 3 ▶ 点开消息后，再点击图 5-3 下方的位置，我们就可以输入想回复的内容了。

▲ 图 5-2

▲ 图 5-3

5.2 如何给手机联系人发送短信

步骤 1 ▶ 在手机屏幕上找到电话的标志，如图 5-4 所示，点击打开它。

步骤 2 ▶ ①点击屏幕下方的"联系人"，进入自己的手机通讯录，上下滑动，就可以查看更多的手机联系人，直到找到自己想要联系的人，②然后点击他的名字，如图 5-5 所示。

▲ 图 5-4

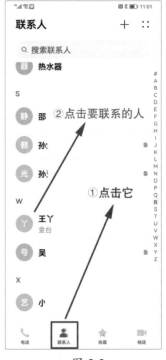

▲ 图 5-5

步骤 3 ▸ 手机号旁边有一个小标志，如图 5-6 所示，代表短信，点击它，就可以去给这个联系人发送短信了。

步骤 4 ▸ 点击如图 5-7 所示的位置，输入短信内容即可。

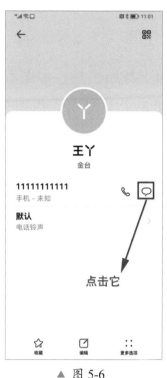

▲ 图 5-6

▲ 图 5-7

5.3 如何删除短信

步骤 1 ▸ 在手机桌面上找到信息，如图 5-8 所示，然后点击它。

步骤 2 ▸ 按住任意一条短信不动，后面会出现圆形或方形的选框，想删除哪条信息，就点击一下它后面的选框，打上"√"，然后在下方会出现"删除"，如图 5-9 所示，点击"删除"就可以删除这条短信了。

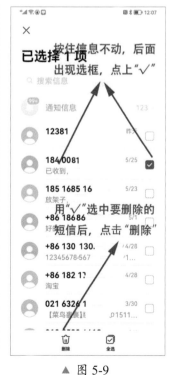

▲ 图 5-8

▲ 图 5-9

5.4 如何查看短信

步骤 **1** ▶ 在手机桌面上找到信息，如图 5-10 所示，然后点击它。

步骤 **2** ▶ 我们可以通过上下滑动查找到更多信息，想看哪条信息就点击那条信息，如图 5-11 所示。

步骤 **3** ▶ 执行上述操作后，我们就可以查看消息了，效果如图 5-12 所示。

▲ 图 5-10

▲ 图 5-11

▲ 图 5-12

第6章
用手机可以查看实时天气，
不用再守候每天晚上"七点半"

天气预报对于人们的日常生活太重要了，实时掌握天气变化，我们可以第一时间增减衣物，有利于自己的身体健康。以前我们了解天气情况，都是通过电视机，每天守候天气预报，现在随着手机的普及，我们每时每刻都能了解天气情况，简直太便利了！

6.1 如何查看当地天气

步骤1 找到手机桌面上的天气图标，如图6-1所示，点击它。

步骤2 执行上述操作后，就能看到如图6-2所示的当地的天气预报了，点击"查看更多"就可以查看当天更多时段的天气预报，想看哪天（星期几）的天气预报，还可以点击那天进行查看！

▲ 图6-1

▲ 图6-2

6.2 如何查看其他城市的天气

步骤1▶ 找到手机桌面上的天气图标，如图6-3所示，点击它。

步骤2▶ 先点击右上角的4个点的标志，会弹出很多选项，点击弹出的选项中的"管理城市"，如图6-4所示。

步骤3▶ 点击"添加城市"，如图6-5所示。

▲ 图6-3

▲ 图6-4

步骤4▶ 想查看哪个城市的天气预报，点击那个城市即可，如图6-6所示。

步骤5▶ 执行上述操作后，就可以显示图6-7所示的你想查看的城市的天气预报了。

▲ 图6-5

▲ 图6-6

▲ 图6-7

第 **7** 章

有了手机，日历随时看，
再也不怕忘记节日、假日了！

日历在我们的日常生活中使用非常广泛，通过日历我们不仅可以查看日期，还可以查看节日、节气、假日等，现在随着智能手机的普及，不仅让我们查看这些信息更加便利，而且还可以设置重要日程提醒等，避免错过重要的事情。

7.1 如何查看日历、节假日等

步骤 1 ▶ 在手机桌面上找到日历图标，如图 7-1 所示，点击它。

步骤 2 ▶ 执行上述操作后，我们就可以查看如图 7-2 所示的日历、节假日了，向左或向右滑动屏幕，我们还可以看到其他月份的日历呢！

▲ 图 7-1

▲ 图 7-2

7.2 如何设置日程提醒

担心会忘记一些重要的事情，日历还有提醒功能，只需要简单的几步，我们就可以设置日程提醒。

步骤 1 ▶ 在手机桌面上找到日历图标，如图 7-3 所示，点击它。

步骤 2 ▶ 点击"＋"图标，如图 7-4 所示，就可以去创建日程提醒了。

步骤 3 ▶ 按照图 7-5 所示的提示信息，输入日程名字、地点、开始及结束时间，提醒日程的时间等内容，一项项地添加即可，添加完成，点击右上角的"√"。

步骤 4 ▶ 执行上述操作后，添加日程就完成了，到时间它就会提醒你，再也不用担心错过重要的事情了，如图 7-6 所示。

▲ 图 7-3

▲ 图 7-4

▲ 图 7-5

▲ 图 7-6

第**8**章

学会用手机拍照，美食美景随时拍，实时记录生活中的小美好

▶ 智能手机的拍照功能非常强大，而且使用起来非常方便，可随时随地拿出手机，拍摄记录下美好的瞬间和有意思的画面。

8.1 如何用手机自带的相机拍照

步骤 **1** ▶ 在手机桌面上找到相机图标，如图 8-1 所示，然后点击它。

步骤 **2** ▶ 用手机摄像头对准要拍摄的内容，点击图 8-2 中①的位置，我们就可以进行拍照了；用手机除了拍照外，我们还可以录制视频记录我们的生活，点击图 8-2 中②的位置即可录制视频。那我们拍摄的照片或者录制的视频在哪里呢？点击图 8-2 中③的位置即可。

▲ 图 8-1

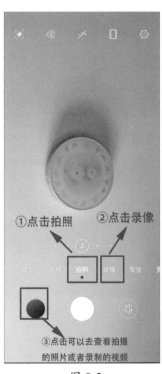

▲ 图 8-2

8.2 如何查看手机中的照片

在手机桌面上找到图库图标，如图 8-3 所示，然后点击它，就能看到你拍摄的照片了。打开后还能对照片进行编辑调色、加标注、分组、收藏、删除等操作。

▶ 图 8-3

操作提高篇

02

PART

第9章
熟练连接移动网络和 Wi-Fi，再也不用担心流量超额

▶ 一般情况下，我们在家里时，手机会使用家里的无线局域网（WLAN），也就是大家俗称的 Wi-Fi，外出时手机使用的是移动网络，常见的是 4G 和 5G 移动网络。使用移动网络，稍不留神流量就会超，超过了就会断网或额外收费，为了避免这个问题，我们就需要在有无线局域网（WLAN）的地方连接 Wi-Fi，那我们怎么连接上 Wi-Fi 呢？又怎么查看自己的手机是否连接上了 Wi-Fi 呢？

9.1 如何查看自己的手机卡是否有移动网络

步骤 ▶ 如图 9-1 所示，我们可以看出手机卡是否有移动网络，竖线越多，代表信号越强；竖线越少，代表网络越弱。

▶ 图 9-1

9.2 如何查看自己的手机是否连接上了无线局域网

步骤▶ 图 9-2 中伞状的标志代表无线局域网（或叫无线网络），有伞状的这个标志代表手机连接上了无线局域网，如果没有这个标志，代表手机没有连接上无线局域网，这时候就需要注意一下手机流量的使用情况了！

▶ 图 9-2

9.3 如何关闭或开启手机移动网络

步骤 1▶ 按住手机屏幕上方向下滑动，如图 9-3 所示。

步骤 2▶ 找到如图 9-4 所示的图标，点击它，我们就可以关闭手机卡的网络，就不会再使用我们手机的流量了；我们可以用同样的方法，找到这个图标，再点击一下，就可以开启手机卡的网络了。

▲ 图 9-3

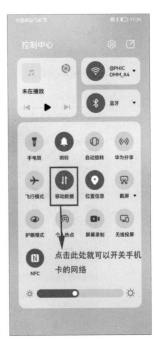

▲ 图 9-4

9.4 如何连接无线局域网

步骤 **1** ▶ 在桌面上找到"设置"图标，如图9-5所示，点击它。

步骤 **2** ▶ 找到伞状的标志，旁边一般都写着"WLAN"，如图9-6所示，点击它。

步骤 **3** ▶ 选择自己要连接的无线网络，如图9-7所示，点击它。

步骤 **4** ▶ ①先点击图9-8中的位置输入无线网络的密码，②然后再点击"连接"。

▲ 图 9-5

▲ 图 9-6

步骤 **5** ▶ 我们连接的无线网络下面显示"已连接"，如图9-9所示，证明我们已经连接上该无线网络了。

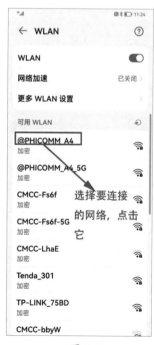

▲ 图 9-7

▲ 图 9-8

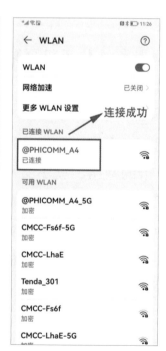

▲ 图 9-9

第 **10** 章
手机功能不够强，应用程序随意装

▶ 现在有各种各样的应用程序，它们给我们的生活带来了各种各样的乐趣和便利，我们可以用 QQ 音乐听歌；用美团在手机上买菜；用微信实时了解好友的动态和信息，随时随地跟好友联系。手机丰富了我们的生活，也给我们的生活带来了更多的方便，想使用什么应用程序，我们都可以随意安装。

10.1 如何在应用商城下载安装应用程序

步骤 **1** ▶ 在手机桌面上找到"应用市场"图标，如图 10-1 所示，点击它。

步骤 **2** ▶ 点击如图 10-2（放大镜）的位置，输入自己想下载的应用程序。

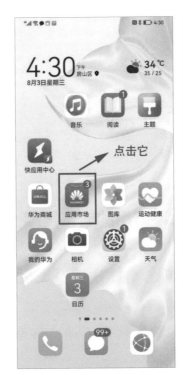

▲ 图 10-1

▲ 图 10-2

步骤 **3** ▶ ①输入应用名称，②然后再点击"搜索"，如图 10-3 所示。

步骤 **4** ▶ 找到要下载的应用，然后点击它后面的"安装"，如图 10-4 所示。

步骤 **5** ▶ 安装完成后，在我们的手机桌面上就可以找到这个应用程序了，效果如图 10-5 所示，如果想要使用它，就找到它，如图 10-5 所示，点击它就可以了。

▲ 图 10-3

▲ 图 10-4

▲ 图 10-5

10.2 如何卸载手机上不常用的应用程序

步骤 **1** ▶ 想要卸载哪个软件，就用手指按住这个软件不动，如图 10-6 所示。

步骤 **2** ▶ 按住需要卸载的软件不动，直至出现如图 10-7 所示的选项，点击"卸载"。

步骤 **3** ▶ 再次点击"卸载"，如图 10-8 所示，即可卸载软件。

步骤 **4** ▶ 软件已经从手机桌面上消失了，说明卸载软件成功了，效果如图 10-9 所示。

学会卸载手机软件，能够给我们的手机腾出更多的空间，这样能够让我们的手机使用起来更加流畅。

▲ 图 10-6

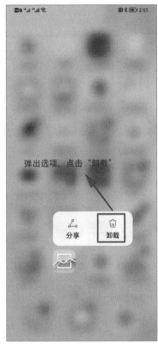

▲ 图 10-7

▲ 图 10-8

▲ 图 10-9

手机里的垃圾越来越多，手机越来越慢，我们可以这样清理它

▶ 手机越来越慢？除了我们正常使用过程中，储存的图片、视频越来越多，下载的软件越来越多，占用了大量的手机空间外，另外一个原因就是我们在使用手机的过程中，产生了很多无用的垃圾，在使用手机软件的过程中，缓存了太多的图片、视频等。想要让手机更加流畅，上一章中我给大家讲了，我们可以卸载不常用的手机软件，这一章我将给大家讲解如何清空手机垃圾，如何清理软件使用过程中产生的缓存内容。

11.1 如何清理手机里的各种垃圾

步骤 **1** ▶ 在手机桌面上找到"设置"，如图 11-1 所示，点击它。

步骤 **2** ▶ 打开"设置"后，我们找到"存储"选项，如图 11-2 所示，点击它。

步骤 **3** ▶ 打开"存储"后，我们找到"清理加速"，如图 11-3 所示，点击它。

▲ 图 11-1

▲ 图 11-2

▲ 图 11-3

步骤 **4** ▶ 这里会显示手机垃圾占用多大的内存，以及各个手机软件占用多大的手机内存。找到"垃圾文件"，然后点击它后面的"立即清理"，如图 11-4 所示。

步骤 **5** ▶ 如图 11-5 所示，垃圾就清理完成了，为我们腾出了 1.07GB 的空间呢。

▲ 图 11-4

▲ 图 11-5

11.2 如何清理每个手机应用在使用过程中产生的各种缓存文件

什么是缓存文件呢？我以微信为例来为大家说明一下，我们在使用微信的时候，会给好友发送视频、语音、文字、图片等内容，这些都会储存在我们的手机里，占用我们手机的空间，这些就是缓存文件。这些内容越多，占用我们手机的空间也就越多，手机也就会越来越慢。

步骤 1 ▶ 在手机桌面上找到"设置"图标，如图 11-6 所示，点击它。

步骤 2 ▶ 打开"设置"后，找到"存储"选项，如图 11-7 所示，然后点击它。

步骤 3 ▶ 打开"存储"选项后，找到"清理加速"，点击它，如图 11-8 所示。

步骤 4 ▶ 图 11-9 中有"微信清理""QQ 清理"，还有其他应用的具体数据，只是没有显示出来，点击应用数据后面的"去清理"，就能够看到更多的应用的数据了。这里我以"微信清理"为例来为大家进行说明，点击"微信清理"后面的"去清理"。

▲ 图 11-6

▲ 图 11-7

▲ 图 11-8

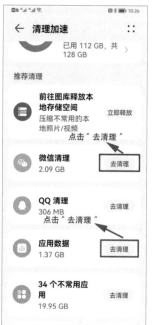

▲ 图 11-9

步骤5 ▶ 如图 11-10 所示，"聊天语音""聊天视频""聊天表情"占用我们手机的具体内存空间数据就可以看到了，想要清理哪一项，就点击那一项，比如我点击"聊天语音"。

步骤6 ▶ 想要删除哪些语音内容，就在那些语音内容后面的方框内，①点击打上"√"，②选中之后再点击"删除"，如图 11-11 所示。

步骤7 ▶ 点击"删除"，如图 11-12 所示，删除的内容均不可恢复，所以大家一定要谨慎。

步骤8 ▶ 删除应用内的缓存数据就成功了，效果如图 11-13 所示。

手机特别卡顿的时候，我们可以选择删除不常用的应用软件、删除手机里的垃圾文件，以及清理软件里的缓存数据的方式释放更多的手机空间，让我们的手机更加流畅。

▲ 图 11-10

▲ 图 11-11

▲ 图 11-12

▲ 图 11-13

▶ **温馨提醒**

手机卡顿的时候，也可以通过关机并重新启动手机来清除一些占用内存的冗余程序和数据。

微信详解篇

03

PART

第12章
微信，让联系更紧密，让生活更便捷

▶ 微信在我们的日常生活中使用越来越广泛，我们可以用微信跟我们的好友保持联系，可以使用微信进行收付款，而且还可以使用微信打车、订酒店、订飞机票及火车票等。

12.1 设置自己的微信，生成自己的微信网络专属身份

❶ 如何注册微信

第一次注册微信时，需要在应用市场下载并安装微信应用程序。

步骤 **1** ▶ 安装后，在手机桌面上找到"微信"图标，如图 12-1 所示，点击它。

步骤 **2** ▶ 进入"微信"后，点击"注册"，如图 12-2 所示。

步骤 **3** ▶ 注册微信时，可以给自己起一个好听的名字，①我们在"昵称"这里可以输入名字，然后输入注册手机号，一定要设置一个容易记的密码，免得自己忘记，输入好个人信息后，②在"我已阅读并同意《软件许可及服务协议》"前面打上"√"，③点击"同意并继续"，如图 12-3 所示。

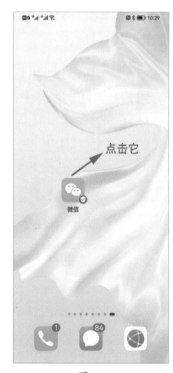

▲ 图 12-1

步骤 **4** ▶ ①在"我已阅读并同意上述条款"前面打上"√"，②然后点击"下一步"，如图 12-4 所示。

▲ 图 12-2　　　　▲ 图 12-3　　　　▲ 图 12-4

步骤 5 ▶ 点击"开始"进行安全验证，如图 12-5 所示。

步骤 6 ▶ 按住绿色的按钮向右拖动，直至图上的两个图形重合成为一个，如图 12-6 所示。

步骤 7 ▶ 我们可以找一个微信用户扫描图 12-7 上的二维码，只要这个微信用户同时满足①中的 a、b、c、d 4 个条件就可以。

▲ 图 12-5　　　　▲ 图 12-6　　　　▲ 图 12-7

步骤 **8** ▶ 验证成功后，点击"返回注册流程"，如图 12-8 所示。

步骤 **9** ▶ 按照图 12-9 中的提示，①用注册手机号发送短信进行验证，②验证成功后，点击"已发送短信，下一步"。

步骤 **10** ▶ 执行上述操作后，显示如图 12-10 所示页面，表明注册并登录微信成功了，是不是非常简单呢？

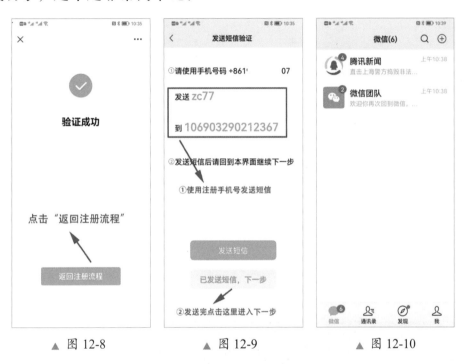

▲ 图 12-8　　　　　▲ 图 12-9　　　　　▲ 图 12-10

❷ 设置、更换头像、昵称等

步骤 **1** ▶ 在手机桌面上找到"微信"图标，如图 12-11 所示，点击它。

步骤 **2** ▶ 打开微信，①先点击右下角的"我"，②然后再点击自己的头像，如图 12-12 所示。

步骤 **3** ▶ 从图 12-13 可以看出，我们可以修改头像、微信名字、微信号等信息，先修改头像，点击图 12-13 中的头像。

步骤 **4** ▶ 点击头像后我们就进入自己的相册了，想要使用哪张图片作为头像就点击那张图片，如图 12-14 所示。

步骤 **5** ▶ 我们可以用手指按住图片滑动，选择需要在头像中显示的图片部分，选择好后，点击图片，再点击图片右下角的"确定"，即可更换头像，如图 12-15 所示。

步骤 **6** ▶ 执行上述操作后，头像就修改完成了。同样，我们点击"名字"修改自己的微信名，如图 12-16 所示。

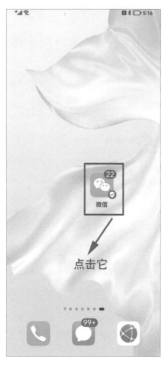

▲ 图 12-11

▲ 图 12-12

▲ 图 12-13

▲ 图 12-14

▲ 图 12-15

▲ 图 12-16

步骤 **7** ► ①输入新的微信名字，②然后点击右上角的"保存"，如图12-17所示。

步骤 **8** ► 头像和名字就修改完成了，效果如图12-18所示。

▲ 图 12-17

▲ 图 12-18

❸ 绑定银行卡

微信可以通过绑定银行卡进行支付，不过需要注意，被绑定的银行卡需要在银行开通网银功能。

步骤 **1** ► 在手机桌面上找到"微信"图标，如图12-19所示，点击它。

步骤 **2** ► ①先点击右下角的"我"，②然后点击"服务"，如图12-20所示。

▲ 图 12-19

▲ 图 12-20

步骤 3 ▶ 进入服务页面后，点击"钱包"，如图 12-21 所示。

步骤 4 ▶ 进去钱包页面后，点击"银行卡"，如图 12-22 所示。

步骤 5 ▶ 进入银行卡页面后，输入自己的微信支付密码，验证自己的身份，如图 12-23 所示。如果还未设置支付密码，就点击图 12-22 中的② "支付设置"，就可以去设置了。

步骤 6 ▶ 验证完身份后，进入下一页面，点击"添加银行卡"，如图 12-24 所示。

步骤 7 ▶ 按照图 12-25 页面上对应的内容，我们分别填上持卡人姓名、银行卡号（也可以

▲ 图 12-21

按图中③的提示，点击卡号后的照相机图标直接拍摄银行卡），输入完这些信息后，④点击"下一步"。

步骤 8 ▶ 在弹出的同意协议中，点击"同意"，如图 12-26 所示。

步骤 9 ▶ 如图 12-27 所示，给自己的微信绑定银行卡就成功了。

▲ 图 12-22

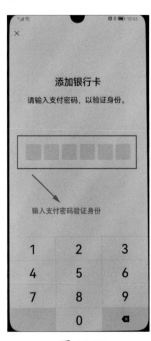

▲ 图 12-23

▲ 图 12-24

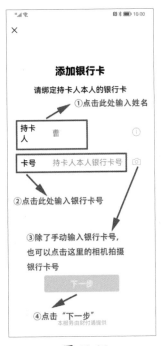

▲ 图 12-25

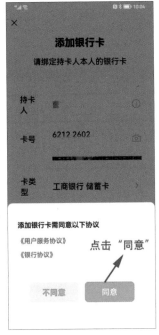

▲ 图 12-26

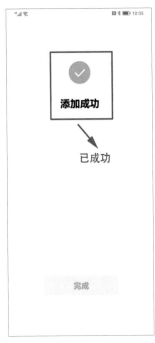

▲ 图 12-27

❹ 如何解绑银行卡

步骤 **1** ▶ 在手机桌面上找到"微信"图标，如图 12-28 所示，点击它。

步骤 **2** ▶ ①先点击右下角的"我"，②然后再点击"服务"，如图 12-29 所示。

步骤 **3** ▶ 进入服务页面后，点击"钱包"，如图 12-30 所示。

步骤 **4** ▶ 进入钱包页面后，点击"银行卡"，如图 12-31 所示。

步骤 **5** ▶ 进入银行卡页面后，输入自己的微信支付密码进行身份验证，如图 12-32 所示。

▲ 图 12-28

▲ 图 12-29

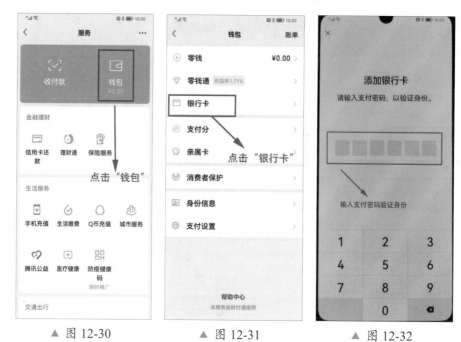

▲ 图 12-30　　　　　▲ 图 12-31　　　　　▲ 图 12-32

步骤6 ▶ 想要解绑哪张银行卡，就点击一下那张银行卡，如图12-33所示。

步骤7 ▶ ①点击右上角的"…"，②然后再点击出现的"解除绑定"，如图12-34所示。

步骤8 ▶ 解绑的银行卡就消失了，然后还会出现相应的"解绑成功"的文字，效果如图12-35所示。

▲ 图 12-33　　　　　▲ 图 12-34　　　　　▲ 图 12-35

12.2 添加好友很方便，多种方式任意选

❶ 如何出示自己的二维码名片

步骤**1** ▶ 在手机桌面上找到"微信"图标，如图 12-36 所示，点击它。

步骤**2** ▶ ①先点击右下角的"我"，②然后再点击自己的微信头像，如图 12-37 所示。

步骤**3** ▶ 找到"二维码名片"，然后点击它，如图 12-38 所示。

步骤**4** ▶ 图 12-39 所示就是自己的微信二维码名片，向别人出示，别人就可以通过扫描这个码添加我们为好友了。

▲ 图 12-36

▲ 图 12-37

▲ 图 12-38

▲ 图 12-39

❷ 如何面对面扫二维码加朋友

步骤**1**▶ 在手机桌面上找到"微信"图标，如图 12-40 所示，点击它。

步骤**2**▶ ①先点击右上角的"＋"，②然后点击弹出的"扫一扫"，如图 12-41 所示。

步骤**3**▶ 用手机屏幕对准别人的二维码名片进行扫描，如图 12-42 所示。

步骤**4**▶ 扫描完成，点击"添加到通讯录"，如图 12-43 所示。

等待对方通过，我们就通过扫码添加好友成功了！

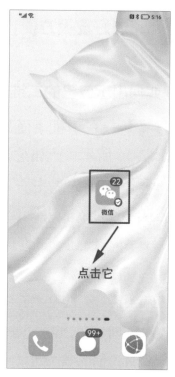

▲ 图 12-40

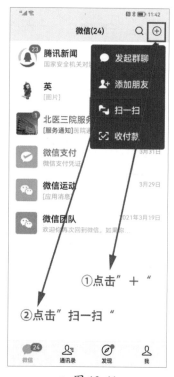

▲ 图 12-41

▲ 图 12-42

▲ 图 12-43

❸ 如何搜索手机号、微信号加微信朋友

步骤 **1** ▶ 在手机桌面上找到"微信"图标，如图 12-44 所示，点击它。

步骤 **2** ▶ ①先点击右上角的"＋"，②然后在弹出的选项中找到"添加朋友"，点击它，如图 12-45 所示。

步骤 **3** ▶ 在图 12-46 中 Q（放大镜）的地方点击，就可以输入要添加的好友的"账号／手机号"了。

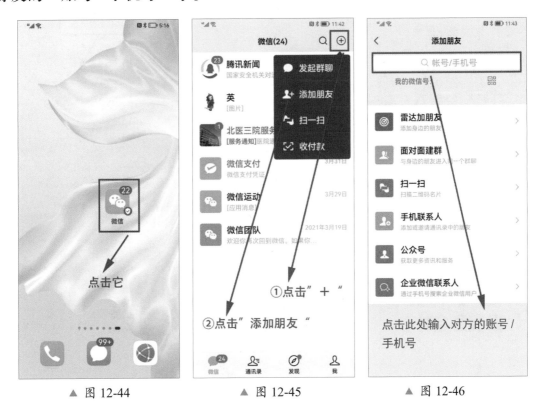

▲ 图 12-44　　　　　▲ 图 12-45　　　　　▲ 图 12-46

步骤 **4** ▶ ①输入要添加的好友的"账号／手机号"，②然后点击"搜索"，如图 12-47 所示。

步骤 **5** ▶ 在搜索的结果中，找到对应的联系人，如图 12-48 所示，点击它。

步骤 **6** ▶ 在名片下方找到"添加到通讯录"，点击它，如图 12-49 所示，就可以添加好友了。

等待对方通过申请后，就添加好友成功了！

▲ 图 12-47

▲ 图 12-48

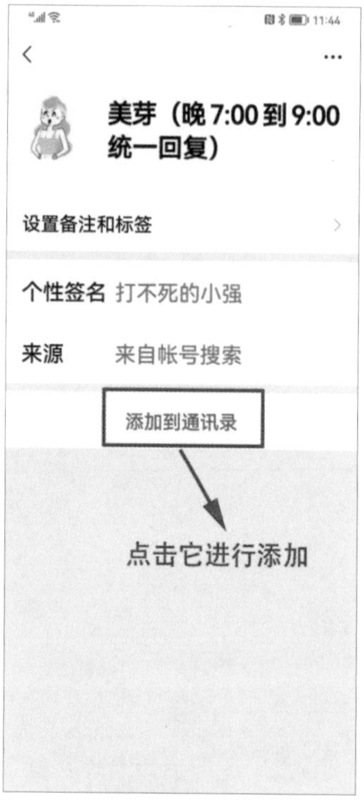

▲ 图 12-49

12.3 视力不好不用怕，这样就可以调整字体

❶ 如何调整微信字体大小

步骤 **1** ▶ 在手机桌面上找到"微信"图标，如图 12-50 所示，点击它。

步骤 **2** ▶ ①先点击右下角的"我"，②然后在页面中找到"设置"，点击它，如图 12-51 所示。

▲ 图 12-50

▲ 图 12-51

步骤**3** ▶ 进入设置页面，点击"通用"，如图 12-52 所示。

步骤**4** ▶ 进入通用页面后，找到"字体大小"，点击它，如图 12-53 所示。

步骤**5** ▶ ①按住屏幕下方中间的圆圈从左向右滑动，就可以让字体由小变大了，②调整好后别忘记点击右上角的"完成"进行保存，如图 12-54 所示。

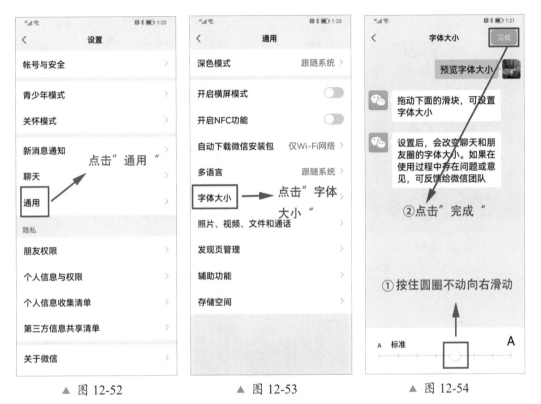

▲ 图 12-52　　　　▲ 图 12-53　　　　▲ 图 12-54

❷ 如何切换关怀模式

步骤**1** ▶ 在手机桌面上找到"微信"图标，如图 12-55 所示，点击它。

步骤**2** ▶ ①先点击右下角的"我"，然后进入如图 12-56 所示的页面，②找到"设置"，点击它。

步骤**3** ▶ 进入设置页面，找到"关怀模式"，点击它，如图 12-57 所示。

步骤**4** ▶ 进入关怀模式后，点击"开启"，如图 12-58 所示。

步骤**5** ▶ 关怀模式需要重启微信才能生效，此处点击"确定"，如图 12-59 所示。

步骤**6** ▶ 显示如图 12-60 所示的"已开启关怀模式"，就成功了。

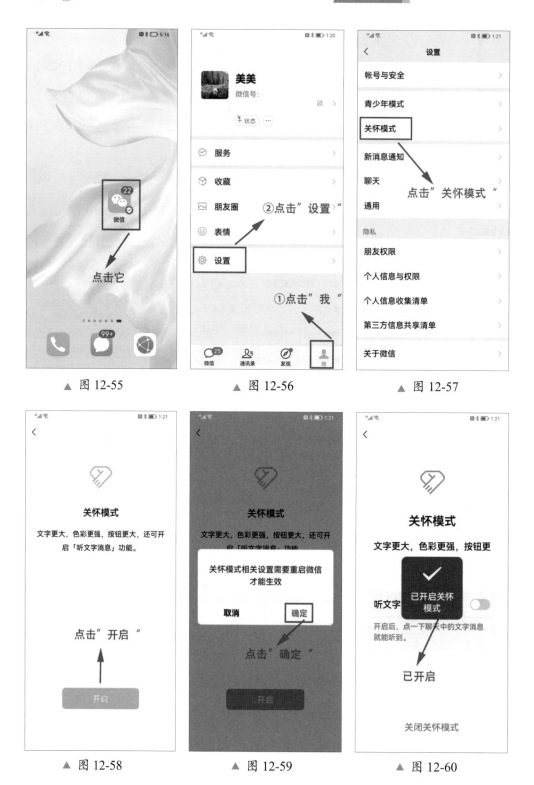

▲ 图 12-55

▲ 图 12-56

▲ 图 12-57

▲ 图 12-58

▲ 图 12-59

▲ 图 12-60

开启关怀模式后，不仅微信上的字体变大了，连微信上的按键也都变大了，非常适合长辈操作使用，再也不用担心按错键了！

12.4 使用微信常跟好友联系，可以让朋友的关系更紧密

❶ 如何发送文字消息

步骤 **1** ▶ 在手机桌面上找到"微信"图标，如图 12-61 所示，点击它。

步骤 **2** ▶ 进入微信后，就进入了聊天记录页面，想给哪位好友发送文字消息，就点击那个好友的微信头像就可以了；如果好友未在聊天记录页面，可以在"通讯录"里面查找，如图 12-62 所示。

▲ 图 12-61

▲ 图 12-62

步骤 **3** ▶ 点击一下图 12-63 中所指示的地方就可以输入文字消息了。

步骤 **4** ▶ ①先输入文字消息，②再点击"发送"，就可以发送文字消息了，如图 12-64 所示。

步骤 **5** ▶ 如图 12-65 所示，发送文字消息成功了，我们就可以跟好友聊天了。

▲ 图 12-63

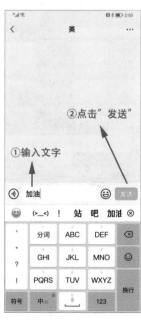

▲ 图 12-64

▲ 图 12-65

❷ 如何发送手机里的图片、小视频

步骤**1**▶ 在手机桌面上找到"微信"图标，如图12-66所示，点击它。

步骤**2**▶ 进入微信后，想给哪位好友发送图片或视频消息，就点击那位好友的头像，如图12-67所示。

步骤**3**▶ ①先点击图中的"+"，②然后再点击"相册"，如图12-68所示。

步骤**4**▶ 图12-69所示为手机相册页面，点击就可以选中要发送的图片或视频，别忘了点击"原图"，这样发送的图片或视频会更清晰哦。

步骤**5**▶ 如图12-70所示，表示给好友发送图片或视频成功了。

▲ 图 12-66

▲ 图 12-67

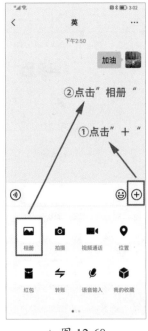

▲ 图 12-68

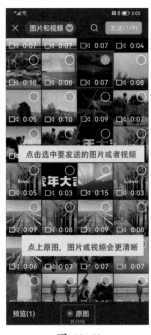

▲ 图 12-69

▲ 图 12-70

❸ 如何发送语音消息

步骤 1 ▶ 在手机桌面上找到"微信"图标，如图 12-71 所示，点击它。

步骤 2 ▶ 进入微信后，想给谁发送语音消息，就点击谁的头像，如图 12-72 所示。

▲ 图 12-71

▲ 图 12-72

步骤 3 ▶ 进入聊天页面后，找到语言图标，如图 12-73 所示，点击它。

步骤 4 ▶ 点击"按住说话"，按住不动，就可以说语音了，如图 12-74 所示。

▲ 图 12-73

▲ 图 12-74

步骤 **5** ▶ 对着图 12-75 所示的手机页面说话就可以了，一定要等到要说的话说完再松手哦！

步骤 **6** ▶ 如图 12-76 所示，表明给好友的语音发送成功了。

▲ 图 12-75

▲ 图 12-76

❹ 如何发起视频或语音通话

步骤 **1** ▶ 在手机桌面上找到"微信"图标，如图 12-77 所示，点击它。

步骤 **2** ▶ 进入微信后，想给谁发送语音通话或视频通话，就点击谁的头像，如图 12-78 所示。

▲ 图 12-77

▲ 图 12-78

步骤 3 ▶ 如图12-79所示，①先点击"＋"，②然后再找到"视频通话"，点击它。

步骤 4 ▶ 如图12-80所示，点击"语音通话"就可以跟好友语音，点击"视频通话"就可以跟好友进行视频。

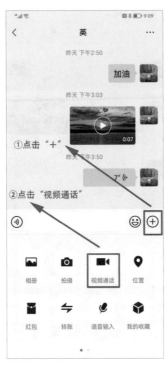

▲ 图 12-79   ▲ 图 12-80

❺ 聊天中如何发送表情

步骤 1 ▶ 在手机桌面上找到"微信"图标，如图12-81所示，点击它。

步骤 2 ▶ 进入微信后，想给谁发送表情，就点击谁的头像，如图 12-82 所示。

步骤 3 ▶ 如图12-83所示，找到表情图标，点击它。

步骤 4 ▶ ①先点击想要发送的表情符号，②然后点击"发送"，如图12-84所示。

步骤 5 ▶ 图 12-85 所示页面表明给微信好友发送表情成功了。

▲ 图 12-81   ▲ 图 12-82

▲ 图 12-83

▲ 图 12-84

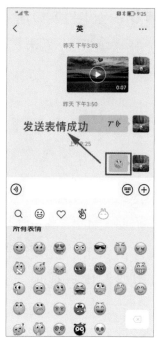

▲ 图 12-85

❻ 如何给好友设置备注、删除好友

步骤 **1** ▶ 在手机桌面上找到"微信"图标，如图 12-86 所示，点击它。

步骤 **2** ▶ ①先点击"通讯录"，②然后想给谁添加备注或者想删除谁，就点击他的头像，如图 12-87 所示。

步骤 **3** ▶ 找到"设置备注和标签"，然后点击它，如图 12-88 所示。

步骤 **4** ▶ ①在"备注"处可以输入备注信息，②我们还可以输入好友的电话等信息，这样就再也不怕自己换手机遗失通讯录了，③点击"添加更多备注信息"，可以输入其他描述，④信息填完后别忘记点击右上角的"完成"，如图 12-89 所示。

▲ 图 12-86

步骤 **5** ▶ 图 12-90 所示页面表明添加备注成功了。如果想删除这个好友，就点击右上角的"…"。

步骤 **6** ▶ 如图 12-91 所示，点击"删除"。

步骤 **7** ▶ 删除的同时，还会删除跟这个好友的聊天记录，如图 12-92 所示，所以一定确认好再点击"删除"。

▲ 图 12-87

▲ 图 12-88

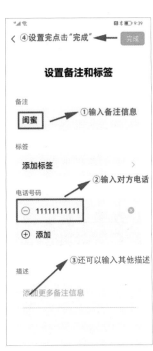

▲ 图 12-89

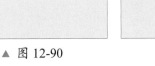

▲ 图 12-90

▲ 图 12-91

▲ 图 12-92

删除好友完成后，这个人就不会再出现在自己的微信通讯录里了，而且我们跟他的聊天记录也会一并删除，所以一定要确认好后再删除。

❼ 如何发送地理位置

步骤 1 ▶ 在手机桌面上找到"微信"图标，如图 12-93 所示，点击它。

步骤 2 ▶ 进入微信后，想给哪位好友发送位置信息，就点击那位好友的头像就可以了，如图 12-94 所示。

▲ 图 12-93

▲ 图 12-94

步骤 3 ▶ 在与好友的聊天页面中，①先点击"+"，②然后再点击"位置"，如图 12-95 所示。

步骤 4 ▶ 点击"发送位置"，如图 12-96 所示。

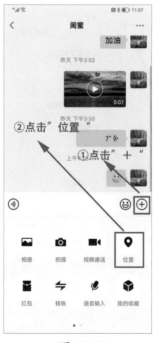

▲ 图 12-95

▲ 图 12-96

步骤 **5** ▶ ①通过在地图上滑动可以找到自己更确切的位置，然后点击它，就可以选中位置了，②最后点击"发送"，如图 12-97 所示。

步骤 **6** ▶ 图 12-98 所示页面表明给好友发送位置成功了。

学会发送位置信息非常实用，这样出门就再也不用担心迷路，家人找不到我们了！

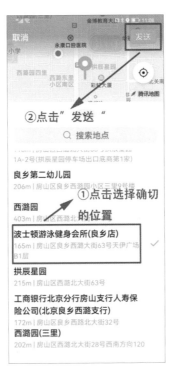

▲ 图 12-97

▲ 图 12-98

8 如何保存与好友聊天中的图片或视频

步骤 **1** ▶ 点击想要保存的图片或视频，如图 12-99 所示。

步骤 **2** ▶ 图片或视频右下角有一个"…"的标志，如图 12-100 所示，点击它。

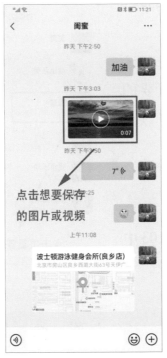

▲ 图 12-99

▲ 图 12-100

步骤 **3** ▶ 找到"保存视频"或"保存图片"标志，如图 12-101 所示，点击它，就可以将视频或图片保存到自己的手机相册里了。

▶ 图 12-101

❾ **如何把与某个好友的聊天置顶**

步骤 **1** ▶ 在图 12-102 所示的页面中，想把哪位重要的朋友的聊天置顶，就可以点击那位好友的头像。

步骤 **2** ▶ 找到图 12-103 中右上角的"…"，点击它。

▲ 图 12-102

▲ 图 12-103

步骤 **3** ▶ 找到"置顶聊天"，旁边有一个近似椭圆形的按钮，点击一下打开它，标注的地方变成绿色，如图 12-104 所示，就说明打开了。

步骤 **4** ▶ 如 图 12-105 所示，与该好友的聊天就出现在自己聊天记录的最上面的位置了，再也不用担心与自己聊天的好友太多，错过重要好友的信息了。

▲ 图 12-104　　　　　▲ 图 12-105

⑩ 如何收红包

步骤 **1** ▶ 如图 12-106 所示，朋友给我们发送了红包，我们找到"红包"，然后点击它。

步骤 **2** ▶ 找到"开"，然后点击它，如图 12-107 所示。

▲ 图 12-106　　　　　▲ 图 12-107

步骤 **3** ▶ 图 12-108 所示页面表明红包已经被接收了，而且自动存在我们"钱包"的"零钱"里了。

▶ 图 12-108

⑪ 如何给好友发送红包

步骤 **1** ▶ 想给哪位好友发送红包，就点击那位好友的头像，如图 12-109 所示。

步骤 **2** ▶ ①先点击"＋"，②然后点击"红包"，如图 12-110 所示。

▲ 图 12-109

▲ 图 12-110

步骤 3 ▶ 我们可以输入红包的金额，而且还可以输入祝福语，点击图 12-111 中相应的位置就可以输入了，输入完成后，点击"塞钱进红包"。

步骤 4 ▶ 进入支付页面，支付方式选择"零钱"或者已绑定的银行借记卡，在图 12-112 中的位置输入微信支付密码。

步骤 5 ▶ 如图 12-113 所示，红包就发送成功了。

▲ 图 12-111

▲ 图 12-112

▲ 图 12-113

12.5 学会微信的这些支付功能，可以让我们的生活更便捷

❶ 如何用微信扫码支付

步骤 1 ▶ 在手机桌面上找到"微信"图标，如图 12-114 所示，点击它。

步骤 2 ▶ ①先点击"＋"，然后在弹出的内容中，②找到"扫一扫"，点击它，如图 12-115 所示。

步骤 3 ▶ 用手机对准收款码，就可以扫码支付了，如图 12-116 所示。

步骤 4 ▶ ①先输入支付的金额，一定要仔细，不要输错，避免给自己造成损失，②然后点击"付款"，如图 12-117 所示。

步骤**5** ▶ 进入支付页面，选择支付方式，点击图 12-118 中标注的位置，输入微信支付密码。

步骤**6** ▶ 如图 12-119 所示，支付就成功了。

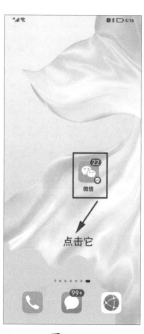

▲ 图 12-114

▲ 图 12-115

▲ 图 12-116

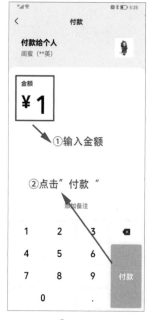

▲ 图 12-117

▲ 图 12-118

▲ 图 12-119

❷ 如何向别人出示自己的微信收付款码

步骤 **1** ▶ 在手机桌面上找到"微信"图标，如图 12-120 所示，点击它。

步骤 **2** ▶ ① 先点击右下角的"我"，② 然后再点击"服务"，如图 12-121 所示。

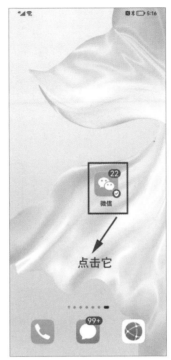

▲ 图 12-120

▲ 图 12-121

步骤 **3** ▶ 进入图 12-122 所示的服务页面后，点击"收付款"。

步骤 **4** ▶ 如图 12-123 所示，自己的收付款码就调出来了。

▲ 图 12-122

▲ 图 12-123

❸ 如何缴纳电话费、水费、电费等

步骤 **1** ▶ 在手机桌面上找到"微信"图标，如图 12-124 所示，点击它。

步骤 **2** ▶ ①先点击右下角的"我"，②然后找到"服务"，点击它，如图 12-125 所示。

▲ 图 12-124

▲ 图 12-125

步骤 **3** ▶ 我们可以点击"手机充值"给手机充话费，可以点击"生活缴费"缴纳水、电、燃气费等，如图 12-126 所示。

步骤 **4** ▶ 我以给手机充值为例来说明一下。点击图 12-126 中的"手机充值"，进入图 12-127 所示页面，①先在"请输入手机号码"处输入手机号码，②然后点击充值金额。

▲ 图 12-126

▲ 图 12-127

步骤 **5** ▶ 点击"立即充值"，如图 12-128 所示。

步骤 **6** ▶ 执行上述操作后，显示如图 12-129 所示的页面，点击"立即支付"。

▲ 图 12-128

▲ 图 12-129

步骤 **7** ▶ 进入如图 12-130 所示页面，选择支付方式，在图中位置输入支付密码。

步骤 **8** ▶ 如图 12-131 所示，手机充值就成功了。

▲ 图 12-130

▲ 图 12-131

❹ 如何用微信出示自己的医保电子码

看病忘记带医保卡？来回跑太麻烦，只要你有手机，手机里面安装了微信，我们就可以向医院出示自己的医保电子码，它跟我们的医保卡的功能是一样的哦！

步骤1▶ 在手机桌面上找到"微信"图标，如图12-132所示，点击它。

步骤2▶ ①先点击右下角的"我"，②然后再点击"服务"，如图12-133所示。

步骤3▶ 进入服务页面，点击"城市服务"，如图12-134所示。

▲ 图12-132

▲ 图12-133

▲ 图12-134

步骤4▶ 进入如图12-135所示的城市服务页面后，点击右上角的"证件"。

步骤5▶ 如图12-136所示，点击"绑定证件"。

步骤6▶ 我们可以绑定自己的"电子社保卡"，也可以绑定"医保电子凭证"，这里我们点击"医保电子凭证"，如图12-137所示。

步骤7▶ 绑定之前，我们首先需要激活，点击"去激活"，如图12-138所示。

步骤8▶ 点击图12-139中的位置，输入支付密码，验证自己的身份。

步骤⑨ ▶ 激活电子医保卡，需要获取我们的姓名、电话、身份证号码等信息，点击图12-140中的"授权激活"。

▲ 图 12-135

▲ 图 12-136

▲ 图 12-137

▲ 图 12-138

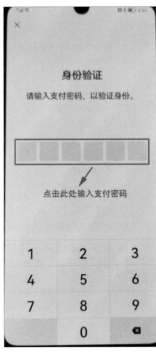

▲ 图 12-139

▲ 图 12-140

步骤 **10** ▶ ① 在 图 12-141 中同意协议前面打上"√"，② 然后点击"下一步"。

步骤 **11** ▶ 把自己的脸对准圆形里面的脸的轮廓，按照圆形上方的提示做动作，验证自己的身份，如图 12-142 所示。

▲ 图 12-141

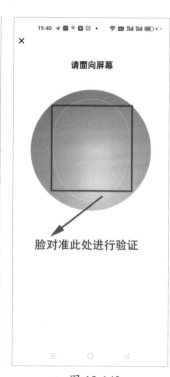

▲ 图 12-142

步骤 **12** ▶ 如图 12-143 所示，添加电子医保凭证就成功了，看病的时候我们如何出示它呢？点击它。

步骤 **13** ▶ 进入图 12-144 所示的页面，点击"医保刷码"。

▲ 图 12-143

▲ 图 12-144

步骤 **14** ▶ 自己的医保码就出示成功了，如图 12-145 所示，把这个出示给医院，他们就能够刷码了。

▶ 图 12-145

❺ **如何用微信给银行卡转账**

微信不仅可以给朋友转账、发红包，还可以转账到别人的银行卡呢，操作起来非常方便。

步骤 **1** ▶ 在手机桌面上找到"微信"图标，如图 12-146 所示，点击它。

步骤 **2** ▶ ① 先点击右下角的"我"，② 然后点击"服务"，如图 12-147 所示。

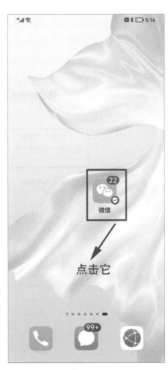

▲ 图 12-146

▲ 图 12-147

步骤 **3** ▸ 进入图 12-148 所示的"服务"页面,点击"收付款"。

步骤 **4** ▸ 进入图12-149所示的"收付款"页面后,点击"向银行卡或手机号转账"。

▲ 图 12-148

▲ 图 12-149

步骤 **5** ▸ 这里我以向银行卡转账为例来为大家做说明,点击"向银行卡转账",如图 12-150 所示。

步骤 **6** ▸ ①依次输入收款人的姓名、卡号、银行信息等,②然后点击"下一步",如图 12-151 所示。

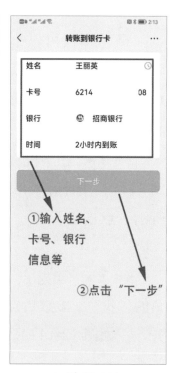

▲ 图 12-150

▲ 图 12-151

步骤 7 ▶ ①输入转账金额，②然后点击"转账"，如图 12-152 所示。

步骤 8 ▶ 确定好收款人的账号、姓名等，输入支付密码，如图 12-153 所示。

步骤 9 ▶ 出现如图 12-154 所示的页面，就表示转账成功了。

▲ 图 12-152

▲ 图 12-153

▲ 图 12-154

学会用微信转账，能够给我们的生活带来很多便利，尤其是腿脚不便的长辈朋友们，遇到阴天下雨需要转账，自己在家用手机就可以操作完成。

12.6 熟练使用朋友圈，与好友一起分享美好生活

现在越来越多的人喜欢通过文字、图片、视频的方式在朋友圈分享自己的生活，学会使用朋友圈，我们不仅能分享自己的生活，还能实时关注好友的动态呢！

❶ 如何发布朋友圈

步骤 **1** ▶ 在手机桌面上找到"微信"图标，如图 12-155 所示，点击它。

步骤 **2** ▶ ①先点击图 12-156 中的"发现"，②然后再点击图中的"朋友圈"。

步骤 **3** ▶ ①先点击图 12-157 页面中的摄像头标志，②然后点击就可以去拍摄图片或视频，③也可以从自己的手机相册中选择照片或视频。这里以从自己的相册中选择照片或视频为例来说明，点击"从相册选择"。跟大家说明一下，如果只想发布文字朋友圈，按住摄像头标志不动就可以了。

步骤 **4** ▶ 执行上述操作后，出现图 12-158 所示的页面，图片或视频的右上角会有一个圆圈或方形的小标志，①点击它，我们就能够选择照片或视频了，选择好后，②点击右上角的完成。

▲ 图 12-155

▲ 图 12-156

▲ 图 12-157

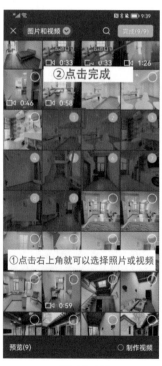

▲ 图 12-158

步骤 **5** ▶ ①先在图 12-159 所示左上角的位置输入自己想要表达的文字，②然后再点击右上角"发表"。

步骤 **6** ▶ 如图 12-160 所示，朋友圈就发布成功了。

▲ 图 12-159

▲ 图 12-160

❷ 如何给朋友发的朋友圈点赞、评论、回复

如何给朋友发的朋友圈点赞？

步骤 **1** ▶ 找到要点赞的朋友圈内容，①先点击右下角的"..."，②然后在弹出的选项中点击"赞"就可以了，如图 12-161 所示。

步骤 **2** ▶ 如图 12-162 所示，给朋友发的朋友圈内容点赞就成功了。

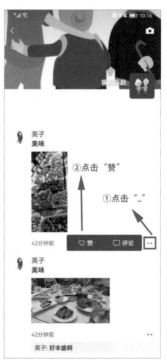

▲ 图 12-161

▲ 图 12-162

如何给朋友发的朋友圈评论？

步骤**1** ► 找到要评论的朋友圈内容，①先点击右下角的".."，②然后在弹出的选项中点击"评论"，如图 12-163 所示。

► 图 12-163

步骤**2** ► ①先输入评论内容，②然后再点击图中的"发送"，就可以了，如图 12-164 所示。

步骤**3** ► 如图 12-165 所示，评论成功，显示在那条朋友圈内容下面了。

▲ 图 12-164

▲ 图 12-165

如何给朋友发的朋友圈回复？

步骤 **1** ▶ ①先点击需要回复的朋友圈内容，②然后在图中文本框的位置点击一下，输入需要回复的内容，③最后点击图中"发送"，如图 12-166 所示。

步骤 **2** ▶ 如图 12-167 所示，回复的内容就显示在那条朋友圈下面了，回复成功。

▲ 图 12-166

▲ 图 12-167

❸ **如何删除自己发布过的朋友圈内容、取消朋友圈点赞、删除朋友圈评论**

如何删除自己发布过的朋友圈内容？

步骤 **1** ▶ 在手机桌面上找到"微信"图标，如图 12-168 所示，点击它。

步骤 **2** ▶ ①先点击图12-169右下角的"我"，②然后再点击"朋友圈"。

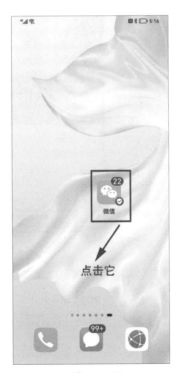

▲ 图 12-168

▲ 图 12-169

步骤 3 ▶ 进入图12-170所示的朋友圈页面后，点击"我的朋友圈"。

步骤 4 ▶ 进入图12-171所示的页面，点击"朋友圈"。

▲ 图 12-170　　　　　▲ 图 12-171

步骤 5 ▶ 执行上述操作后，自己的朋友圈就都显示出来了，通过上下滑动，我们就可以看到自己更多的朋友圈内容，想删除哪条朋友圈就点击那条朋友圈，如图12-172所示。

步骤 6 ▶ 点开具体的某条内容后，在这条内容下方有一个"删除"，找到如图12-173中的"删除"，点击它。

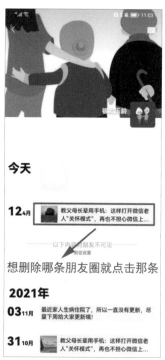
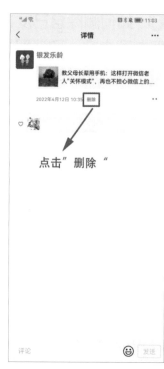

▲ 图 12-172　　　　　▲ 图 12-173

步骤 7 ▶ 删除朋友圈后就不能再恢复了，如果确定删除就点击"确定"，如图 12-174 所示。

步骤 8 ▶ 执行上述操作后，出现如图 12-175 所示的页面，表明朋友圈内容删除成功了。

▲ 图 12-174

▲ 图 12-175

如何取消朋友圈点赞内容？

步骤 1 ▶ ① 点击点赞过的朋友圈内容旁边的".."，弹出如图 12-176 中的选项，② 然后点击"取消"。

步骤 2 ▶ 如图 12-177 所示，取消点赞就成功了，自己给这条朋友圈的点赞就消失了。

▲ 图 12-176

▲ 图 12-177

如何删除自己发表过的朋友圈评论？

步骤 **1** ▶ ①先点击要删除的评论内容，会弹出一个选项框，②点击"删除"就可以了，如图 12-178 所示。

步骤 **2** ▶ 如图 12-179 所示，自己给朋友圈的评论就消失了，删除评论就成功了。

▲ 图 12-178

▲ 图 12-179

❹ 如何设置自己的朋友圈权限

微信作为重要的沟通工具软件，我们不仅会加亲朋好友，也会添加工作伙伴等，学会如何正确地设置朋友圈权限，能够合理地保护我们的个人隐私！

步骤 **1** ▶ 在手机桌面上找到"微信"图标，如图 12-180 所示，点击它。

步骤 **2** ▶ ①先点击右下角的"我"，②然后再点击"设置"，如图 12-181 所示。

▲ 图 12-180

▲ 图 12-181

步骤 3 ▶ 在图 12-182 所示的设置页面，找到"朋友权限"，点击它。

步骤 4 ▶ 在"朋友权限"页面找到"朋友圈"，点击它，如图 12-183 所示。

步骤 5 ▶ ①点击"不让他（她）看我的朋友圈和状态"，我们可以屏蔽某一个或者多个微信好友，不让他（她）看到我们的朋友圈发布的内容；②点击"不看他（她）的朋友圈和状态"，如果我们不想看某一个或者多个微信好友的朋友圈发布的内容，我们就可以点击这里进行设置；③点击"允许陌生人查看十条朋友圈"，打开这个开关后，即使别人不是我们的微信好友，通过搜索我们的微信号、手机号等，就可以查看我们最近发布的十条朋友圈，建议这个开关大家一定要保持关闭，不然任何人都可以看到我们的隐私了；④点击"允许朋友查看朋友圈的范围"，我们就可以设置自己朋友圈发布的内容向好友公开的时长权限，如图 12-184 所示。

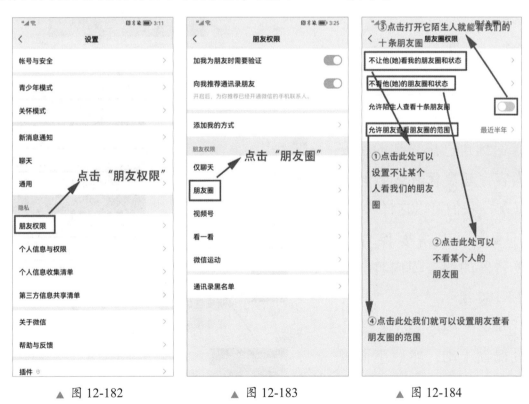

▲ 图 12-182　　　　▲ 图 12-183　　　　▲ 图 12-184

步骤 **6** ▸ ①点击图 12-184 中的"允许朋友查看朋友圈的范围",我们去看一下如何设置自己朋友圈发布的内容向好友公开的时长权限。② 我们可以选择"最近半年""最近一个月""最近三天"或"全部",可以根据自己的喜好进行选择,点击前面的圆圈,就能够选中成功了,如图 12-185 所示。

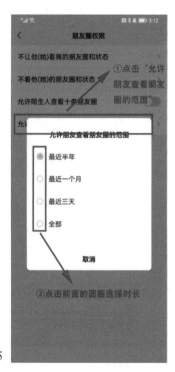

▸ 图 12-185

❺ 如何保存或者转发朋友圈内容

遇到自己感兴趣的朋友圈内容,想要保存或者转发给好友,我们可以这样操作。

步骤 **1** ▸ 点击要保存或者要转发的朋友圈内容,如图 12-186 所示。

步骤 **2** ▸ ①先按住图片或者视频不动,然后下面弹出很多内容选项,②我们点击"保存图片"或者"保存视频",③点击"转发给朋

▲ 图 12-186

▲ 图 12-187

友",就可以将图片或者视频转发给自己的微信好友了,如图 12-187 所示。

12.7 微信群有大作用，与志同道合的多个好友同时互动

想同时跟自己的多个好友进行联系，与多个同事一起讨论工作，一个个联系太麻烦了，我们可以用微信群把大家组织起来，在群里发送消息，群里的好友就都能够看到了！

❶ 如何创建微信群

步骤 **1** ▸ 在手机桌面上找到"微信"图标，如图 12-188 所示，点击打开它。

步骤 **2** ▸ ①先点击右上角的"＋"，②然后在弹出的选项中，点击"发起群聊"，如图 12-189 所示。

步骤 **3** ▸ ①想将谁拉入群聊，就点击谁头像前面的圆圈，出现"√"就可以了，②然后点击右下角的"完成"，如图 12-190 所示。

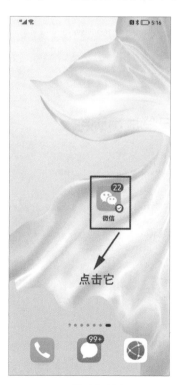
▲ 图 12-188

▲ 图 12-189

▲ 图 12-190

步骤 **4** ▸ 出现图 12-191 所示的页面，表明群聊就创建好了，群还要有一个相应的群名称，我们点击右上角的"…"

步骤 **5** ▸ 进入如图 12-192 所示的页面，点击"群聊名称"。

步骤 6 ▶ ①点击图 12-193 中的对话框，输入群聊名称，输入名称后，②点击"完成"就可以了。

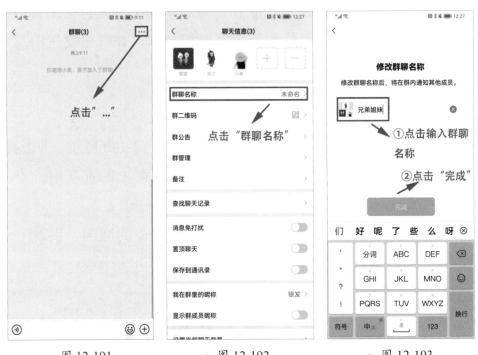

▲ 图 12-191　　　　▲ 图 12-192　　　　▲ 图 12-193

❷ **如何在群内设置个人昵称来介绍自己，并且显示群成员昵称**

群里的人很多，不知道谁是谁，我们可以通过设置昵称来介绍自己，同时也可以设置显示群成员昵称。

步骤 1 ▶ 点击想要设置昵称的群聊，如图 12-194 所示。

步骤 2 ▶ 进入图 12-195 所示的群聊页面，点击右上角的"…"。

步骤 3 ▶ 向下滑动，找到更多设置选项，如图 12-196 所示，点击"我在群里的昵称"。

▲ 图 12-194

▲ 图 12-195

步骤 **4** ▶ ①先点击图 12-197 中对话框的位置输入自己的昵称，②然后点击"完成"。

步骤 **5** ▶ ①出现如图 12-198 中的显示，群昵称就修改完成了，②然后点开"显示群成员昵称"后的开关，就可以同时显示群成员昵称了！

▲ 图 12-196

▲ 图 12-197

▲ 图 12-198

❸ **如何设置群消息免打扰、置顶群聊、将群聊保存到通讯录、退出群聊**

微信群太多了，滴滴答答地响个不停，影响我们的生活？我们可以设置群消息免打扰；有时候群长期不聊，就找不到了，我们可以将其置顶，也可以将群聊保存到通讯录；加入了很多群，但是发现有的群对自己没什么用？我们可以退出群聊。

步骤 **1** ▶ 点击需要设置的群聊，如图 12-199 所示。

步骤 **2** ▶ 打开群聊后，点击右上角的"…"，如图 12-200 所示：

步骤 **3** ▶ 点击打开图 12-201 中"消息免打扰"开关，群就不会滴滴答答地响了；点击打开"置顶聊天"开关，我们就可以将这个群置顶到微信聊天的最上面，再找这个群就容易多了；点击"保存到通讯录"后面的开关，我们就将群保存到自己的微信通讯录了，再也不用担心长期不聊天，找不到这个群了；如果这个群对我们无用，我们还可以点击图12-201中的"删除并退出"就可以退出这个群聊了。

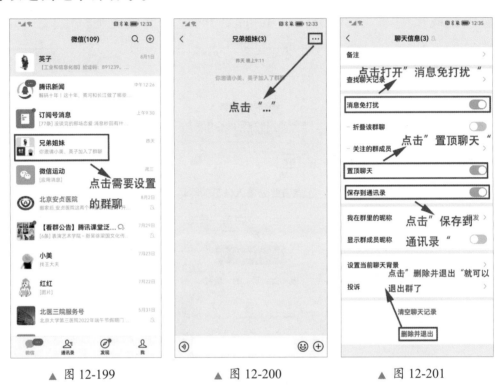

▲ 图 12-199　　　　　▲ 图 12-200　　　　　▲ 图 12-201

12.8 学会查找并保存微信小程序，让我们的生活更加便捷

现在小程序的使用越来越普遍，我们不仅可以在微信上查找小程序，而且可以将它保存到我们的微信中，这样使用起来就更加方便了。

步骤1 在手机桌面上找到"微信"图标，如图12-202所示，点击打开它。

步骤2 点击图12-203中Q（放大镜）的标志进行搜索。

步骤3 ①输入要搜索的小程序的名字，②然后点击"搜索"，如图12-204所示。

步骤4 在结果中找到自己要搜索的小程序，点击它，如图12-205所示。

步骤5 我以北京健康宝为例来说明如何将小程序添加到我们的微信中，点击右上角的"…"，如图12-206所示。

步骤 6 ▶ 在弹出的选项中，点击"添加到我的小程序"，如图 12-207 所示。

▲ 图 12-202

▲ 图 12-203

▲ 图 12-204

▲ 图 12-205

▲ 图 12-206

▲ 图 12-207

步骤 7 ▶ 如图 12-208 所示就添加成功了。

步骤 8 ▶ 添加到微信的小程序该如何查找呢？这里我做进一步的说明，进入微信后，点击下方的"发现"，如图 12-209 所示。

▲ 图 12-208   ▲ 图 12-209

步骤 9 ▶ 进入如图 12-210 所示的"发现"页面后，点击"小程序"。

步骤 10 ▶ 点击"我的小程序"，如图 12-211 所示。

▲ 图 12-210   ▲ 图 12-211

步骤 **11** ▶ 自己微信收藏的小程序就都在这里了，下次使用起来就更加方便了，如图 12-212 和图 12-213 所示。

▲ 图 12-212　　　　▲ 图 12-213

12.9 微信，让出行更简单

微信除了聊天、付款，还给我们的生活带来了各种各样的便利，我们可以用微信订火车票、飞机票、酒店，而且我们还可以用微信打车。

❶ 如何用微信订机票/火车票

步骤 **1** ▶ 在手机桌面上找到"微信"图标，如图 12-214 所示，点击打开它。

▶ 图 12-214

步骤 **2** ▶ 进入微信后，①先点击右下角的"我"，②然后点击"服务"，如图 12-215 所示。

步骤 **3** ▶ 在图 12-216 的服务页面的"交通出行"中找到"火车票机票"，点击它。

步骤 **4** ▶ 先点击图 12-216 中的"火车票机票"，选择乘车方式，我以火车票为例来说明，①点击"火车票"，②然后点击选择出发地，③点击选择目的地，④点击选择出发日期，⑤最后点击"火车票查询"，就可以查询有没有适合自己时间的火车票了，如图 12-217 所示。

▲ 图 12-215

▲ 图 12-216

▲ 图 12-217

步骤 **5** ▶ 点击选择适合自己时间段的火车票，上下滑动，我们可以看到更多的火车票信息，如图 12-218 所示。

步骤 **6** ▶ ①先点击选择座位，②然后点击"预订"，如图 12-219 所示。

步骤 **7** ▶ ①点击输入乘客信息，②点击输入联系人手机号码，③点击选择座位，④最后点击"下一步"，如图 12-220 所示。

步骤 **8** ▶ 可以根据自己的情况，点击选择是否需要保险服务，如图 12-221 所示。

步骤 9 ▶ 选择好以上信息后，点击"立即支付"，如图 12-222 所示。

步骤 10 ▶ 点击图 12-223 中的位置，输入自己的微信支付密码就可以了。

▲ 图 12-218

▲ 图 12-219

▲ 图 12-220

▲ 图 12-221

▲ 图 12-222

▲ 图 12-223

用微信订火车票就完成了，我们可以根据微信上的订票信息，或者自己手机收到的短信信息按时乘车，非常方便，再也不用跑去火车站或者代售点了，自己在手机上就能完成订票服务！

❷ 如何用微信订酒店

步骤 **1** ▶ 在手机桌面上找到"微信"图标，如图 12-224 所示，点击打开它。

步骤 **2** ▶ ①点击右下角的"我"，然后点击"服务"，如图 12-225 所示。

步骤 **3** ▶ 进入如图 12-226 所示的服务页面后，我们可以在"交通出行"选项下面找到"酒店"，点击它。

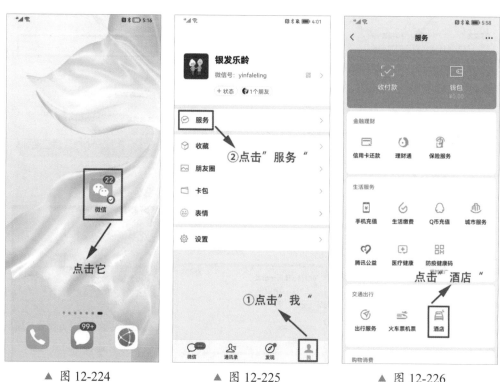

▲ 图 12-224　　　　▲ 图 12-225　　　　▲ 图 12-226

步骤 **4** ▶ ①点击选择要订酒店的城市，②点击选择入住时间，③点击选择离开酒店的时间，④然后点击"酒店查询"，如图 12-227 所示。

步骤 **5** ▶ ①点击输入关键词进行查找，比如地址、位于什么路，方便我们查找到最近、最适合我们的酒店，上下滑动我们就可以看到更多的酒店信息了，②点击就可以选择适合我们的酒店，如图 12-228 所示。

步骤 **6** ▶ 点击"订"就可以预订酒店了，如图 12-229 所示。

▲ 图 12-227

▲ 图 12-228

▲ 图 12-229

步骤 7 ▶ 预订好酒店后，点击"去支付"就可以去付款了，如图 12-230 所示。

步骤 8 ▶ 进入支付页面，点击图 12-231 中的位置，输入自己的微信支付密码就可以了。

▲ 图 12-230

▲ 图 12-231

❸ 如何用微信打车

步骤 **1** ▶ 在手机桌面上找到"微信"图标，如图 12-232 所示，点击打开它。

步骤 **2** ▶ ①点击右下角的"我"，②然后点击"服务"，如图 12-233 所示。

▲ 图 12-232

▲ 图 12-233

步骤 **3** ▶ 进入图 12-234 所示的服务页面后，点击"出行服务"。

步骤 **4** ▶ ①一般会自动定位你所在的位置，这样非常方便你打车，②点击输入目的地，如图 12-235 所示。

▲ 图 12-234

▲ 图 12-235

步骤 **5** ▶ ①点击输入目的地，然后通过上下滑动，查看更多的目的地信息，②点击选择确切的目的地，如图 12-236 所示。

步骤 **6** ▶ ①点击在方框打上"√"，选择可以坐哪些服务商提供的车型，②然后点击"同时呼叫"就可以了，如图 12-237 所示。

▲ 图 12-236　　　　▲ 图 12-237

呼叫成功后，我们就按照车牌号等待我们呼叫的车来接我们就可以了，非常方便。

生活购物篇

04

PART

第 **13** 章

支付宝，
给我们的生活带来多方面的便捷

▶ 支付宝作为重要的支付方式，在我们的日常生活中使用越来越广泛了，学会使用支付宝，能让我们的生活更加便捷！

13.1 设置自己的支付宝，生成自己的支付宝专属身份

❶ 如何注册支付宝

步骤 **1** ▶ 找到桌面上的"支付宝"图标，如图 13-1 所示，点击它。

步骤 **2** ▶ 出现如图 13-2 所示的页面，点击"注册账号"。

步骤 **3** ▶ ①在图 13-3 中相应位置输入注册手机号，②然后点击"注册"。

步骤 **4** ▶ 注册支付宝，我们需要同意支付宝的"服务协议及隐私保护"，所以点击图 13-4 中"同意并注册"。

▲ 图 13-1

▲ 图 13-2

步骤 **5** ▶ 在图 13-5 中所示位置，输入自己手机中收到的短信验证码。

▲ 图 13-3

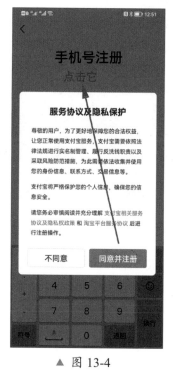
▲ 图 13-4

▲ 图 13-5

步骤 **6** ▶ 执行上述操作后，出现图 13-6 所示的页面，表明登录支付宝成功了，点击图中右下角的"我的"。

步骤 **7** ▶ 使用支付宝的很多功能，是需要我们完成支付宝实名认证的，点击图 13-7 中头像的位置。

步骤 **8** ▶ 点击图 13-8 中的"实名认证"旁边的"立即认证"。

步骤 **9** ▶ 如图 13-9 所示，点击"立即认证"。

步骤 **10** ▶ 执行上述操作后，出现如图 13-10 所示的页面，①点击输入自己的姓名；②点击输入自己的身份证号，③然后点击"提交"。

步骤 **11** ▶ 输入完自己的姓名、身份证号后，就进入图 13-11 所示的页面，我们点击右上角的"完成"。

步骤 **12** ▶ 我们可以继续完善实名认证，上传自己的证件照片，点击图 13-12 中的"待上传"。

步骤 **13** ▶ ①在图 13-13 中"同意将证件保存至卡包证件夹"前面打上"√"，②然后点击"开始拍摄"。也可以点击图 13-13 中的"从相册上传"，上传自己相册里已经拍好的身份证照片，这里就不演示了。

步骤 **14** ▶ 将自己的身份证正面对准图中的方框，头像放在人头里面，如图 13-14 所示。

▲ 图 13-6

▲ 图 13-7

▲ 图 13-8

▲ 图 13-9

▲ 图 13-10

▲ 图 13-11

▲ 图 13-12

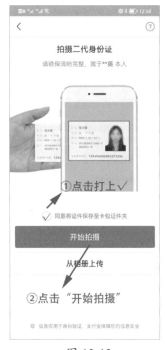

▲ 图 13-13

▲ 图 13-14

步骤 **15** ▶ 如图 13-15 所示，身份证的人像面就上传成功了，同样将自己的身份证国徽面对准图中的方框，上传我们身份证的国徽面。

步骤 **16** ▶ 出现如图 13-16所示的页面，表明证件照片更新成功了，然后我们点击右上角的"完成"。

步骤 **17** ▶ 如 图 13-17 所示，我们可以进行人像验证，点击"人像验证"旁边的"待验证"。

步骤 **18** ▶ 将人脸放进如图 13-18 所示的圆圈，按照圆圈上方的提示做各种验证动作。

▲ 图 13-15

▲ 图 13-16

步骤 **19** ▶ 完成人像验证后，实名认证的步骤就全部都完成了，点击右上角的"完成"即可完成支付宝实名认证的各个步骤，如图 13-19 所示。

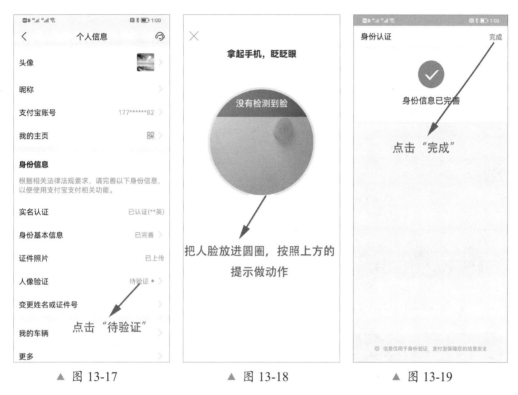

▲ 图 13-17　　　　▲ 图 13-18　　　　▲ 图 13-19

完成支付宝的注册及实名认证后，就可以使用支付宝的所有功能了！

❷ 如何给支付宝绑定银行卡

支付宝最重要的功能就是支付功能，支付之前我们必须先绑定自己的银行卡。

步骤 **1** ▶ 在手机桌面上找到"支付宝"图标，如图 13-20 所示，点击它。

步骤 **2** ▶ 点击右下角的"我的"，进入自己的支付宝个人页面，如图 13-21 所示。

步骤 **3** ▶ 进入自己的支付宝个人页面后，点击图 13-22 中的"银行卡"。

步骤 **4** ▶ 进入银行卡页面后，点击图 13-23 中的"绑定其他银行卡"。

步骤 **5** ▶ 选择自己要绑定的银行卡，是哪个银行就点击那个银行；如果没有自己要绑定的银行，就点击图 13-24 标注的地方输入卡号添加。

步骤 **6** ▶ 选择好银行后，点击图 13-25 中的"同意协议并下一步"。

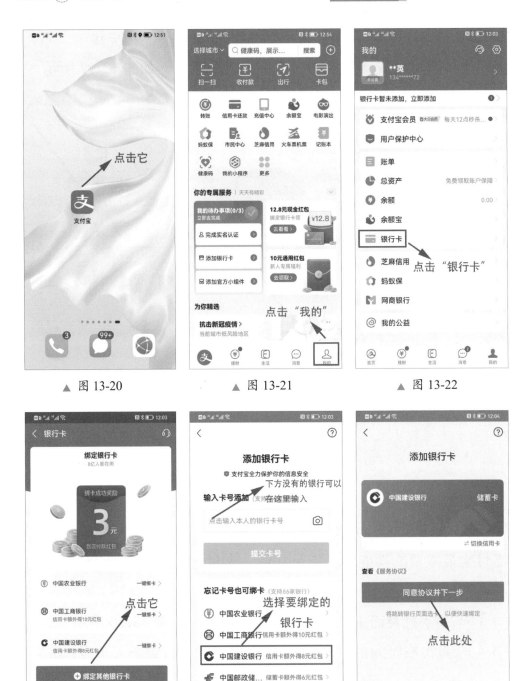

▲ 图 13-20　　　　　▲ 图 13-21　　　　　▲ 图 13-22

▲ 图 13-23　　　　　▲ 图 13-24　　　　　▲ 图 13-25

步骤 **7** ▶ 我们可以使用密码绑定，也可以用手机指纹验证绑定，这里介绍大家常用的使用密码绑定，点击"使用密码"，如图 13-26 所示。

步骤 **8** ▶ 点击如图13-27中相应位置输入自己的支付密码验证自己的身份。

步骤 **9** ▶ ①先输入自己手机中接收到的短信验证码，②然后点击图13-28中的"下一步"。

▲ 图 13-26

▲ 图 13-27

▲ 图 13-28

步骤 **10** ▶ ①先在同意协议前面打上"√"，②然后点击"立即绑定"，如图13-29所示。

步骤 **11** ▶ 如图13-30所示，添加银行卡就成功了！想要添加更多的银行卡，我们可以按照上面的步骤重复操作！

▲ 图 13-29

▲ 图 13-30

▶ *温馨提醒*

除了可以用于支付其他平台的商品费用外，支付宝账号还可以用于登录淘宝和天猫应用程序，在这两个平台无障碍购物。

13.2 **熟练掌握支付宝的这些支付功能，可以让我们的生活更便捷**

在日常生活中，越来越多的人使用支付宝进行付款、收款，学会使用支付宝支付，能够让我们的生活更加便捷。

① **如何用支付宝进行扫码支付**

步骤**1** ▶ 在手机桌面上找到"支付宝"图标，如图 13-31 所示，点击它。

步骤**2** ▶ 进入支付宝页面后，点击"扫一扫"，如图 13-32 所示。

步骤**3** ▶ 对准商家的二维码进行扫描，如示 13-33 所示。

▲ 图 13-31

▲ 图 13-32

▲ 图 13-33

步骤 **4** ▶ ①在图 13-34 中相应的位置先输入需要支付的金额，②然后点击图中的"付款"。

步骤 **5** ▶ 确认好输入的金额无误后，点击"确认付款"，如图 13-35 所示。

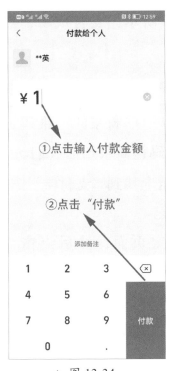

▲ 图 13-34

▲ 图 13-35

步骤 **6** ▶ 这里可以使用密码支付，也可以使用指纹支付，有很多没录入指纹的朋友，不能使用指纹，所以在这里给大家演示使用密码支付，点击"使用密码"，如图 13-36 所示。

步骤 **7** ▶ 在图 13-37 中相应的位置，输入支付密码。

▲ 图 13-36

▲ 图 13-37

步骤 **8** ▶ 如图 13-38 所示，支付成功，点击"完成"即可。

❷ 如何向商家出示自己的支付宝付款码

付款时，我们可以扫描商家的二维码进行支付，也可以出示付款码让商家扫描我们。

步骤 **1** ▶ 在手机桌面上找到"支付宝"图标，如图 13-39 所示，点击它。

步骤 **2** ▶ 进入支付宝页面，然后点击"收付款"，如图 13-40 所示。

步骤 **3** ▶ 第一次使用付款码，需要开启付款码，点击"立即开启"，如图 13-41 所示。

▲ 图 13-38

▲ 图 13-39

▲ 图 13-40

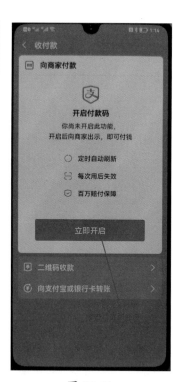

▲ 图 13-41

步骤 4 ▶ 同样，我们可以使用密码支付，也可以使用指纹支付，点击"使用密码"，如图 13-42 所示。

步骤 5 ▶ 开启付款码之前，需要输入支付密码，在如图 13-43 所示的位置输入支付密码。

▲ 图 13-42

▲ 图 13-43

步骤 6 ▶ 为了安全，避免资金损失，大家一定要按照提示保护好自己的付款码，点击"我知道了"，如图 13-44 所示。

步骤 7 ▶ 如图 13-45 所示，向商家出示付款码就可以了。

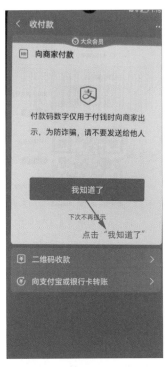

▲ 图 13-44

▲ 图 13-45

❸ 如何用支付宝进行转账

用支付宝转账非常方便，我们不仅可以转账到别人的支付宝账号，而且可以转账到任何银行的银行卡号，学会使用支付宝转账，我们就再也不用去银行排队转账了。

步骤**1** ▸ 在手机桌面上找到"支付宝"图标，如图 13-46 所示，点击它。

步骤**2** ▸ 进入支付宝页面，点击"转账"，如图 13-47 所示。

步骤**3** ▸ 如果转账到支付宝，我们就点击"转到支付宝"；如果想转账到银行卡，就点击旁边的"转到银行卡"，我以转账到支付宝为例来说明一下，点击"转到支付宝"，如图 13-48 所示。

▲ 图 13-46

▲ 图 13-47

▲ 图 13-48

步骤**4** ▸ ①先输入对方的支付宝账号，②然后点击"下一步"，如图 13-49 所示。

步骤**5** ▸ ①在图 13-50 中相应的位置先输入转账金额，②然后在图中所示的位置输入转账的用途，③最后点击"转账"。

步骤**6** ▸ 转账之前一定要核对一下收款人的信息，否则可能会给自己造成不必要的损失，最后点击"继续转账"，如图 13-51 所示。

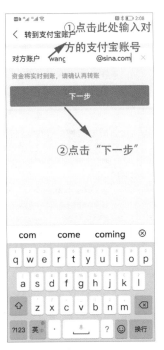

▲ 图 13-49

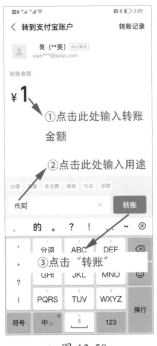

▲ 图 13-50

▲ 图 13-51

步骤 7 ▶ 再次核对一下收款人的信息，点击"确认付款"，如图 13-52 所示。

步骤 8 ▶ 最后一步，输入自己的支付宝支付密码，如图 13-53 所示。

步骤 9 ▶ 如图 13-54 所示，转账就成功了，点击"完成"即可。

▲ 图 13-52

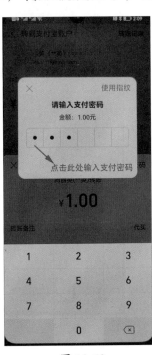

▲ 图 13-53

▲ 图 13-54

❹ 如何使用支付宝进行乘车

不管在任何城市，我们都可以使用支付宝乘坐公交或地铁，不用下载任何应用，使用支付宝就能够刷码乘车，非常方便。

步骤 **1** ▶ 在手机桌面上找到"支付宝"图标，如图 13-55 所示，点击打开它。

步骤 **2** ▶ 进入支付宝页面，点击"出行"，如图 13-56 所示。

▲ 图 13-55

▲ 图 13-56

步骤 **3** ▶ ①先点击图 13-57 所示的位置选择所在的城市，②然后点击选择交通工具，比如我选择地铁，③最后点击"前往领取"。

步骤 **4** ▶ ①在同意协议前面打上"√"，②然后点击"同意协议并领卡"，如图 13-58 所示。

▲ 图 13-57

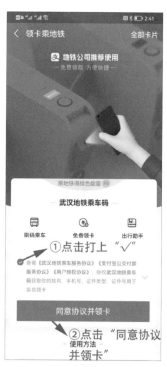

▲ 图 13-58

步骤 **5** ▶ 领卡之前，①我们需要先输入支付密码验证一下自己的身份，②然后点击"确定"，如图13-59所示。

步骤 **6** ▶ 出现如图13-60所示的页面，我们就可以扫码去乘车了，非常方便。

▲ 图 13-59

▲ 图 13-60

❺ 如何用支付宝进行生活缴费（水费、电费、手机费等）

支付宝的功能非常强大，我们还可以用它进行各种生活缴费，水费、电费、手机费，它都能够搞定，长辈学会使用这个功能，再也不用担心天气不好，出门缴费不方便了。

步骤 **1** ▶ 在手机桌面找到"支付宝"图标，如图13-61所示，点击它。

步骤 **2** ▶ 进入支付宝页面，点击"市民中心"，如图13-62所示。

▲ 图 13-61

▲ 图 13-62

步骤 3 ▶ 缴纳水电费，我们可以点击"生活缴费"；给手机充值点击"充值中心"。这里我以给手机充值为例给大家做说明，点击"充值中心"，如图 13-63 所示。

步骤 4 ▶ ① 先在图 13-64 中相应的位置输入待充值的手机号码，②再点击选择充值金额。

步骤 5 ▶ 再次核对一下自己的手机号码，然后点击"立即充值"，如图 13-65 所示。

▲ 图 13-63

▲ 图 13-64

步骤 6 ▶ 进入如图 13-66 所示的页面，点击"确认交易"。

步骤 7 ▶ 如图 13-67 所示，充值成功了，点击"完成"即可。

▲ 图 13-65

▲ 图 13-66

▲ 图 13-67

❻ 如何用支付宝出示自己的医保电子码

现在很多医院都可以刷电子医保码了，我们可以用支付宝绑定自己的医保卡，这样随时随地我们都可以调取自己的电子医保码，即使去医院忘记带医保卡，我们也可以看病。

步骤 **1** ▶ 在手机桌面上找到"支付宝"图标，如图 13-68 所示，点击它。

▲ 图 13-68

▲ 图 13-69

步骤 **2** ▶ 进入如图 13-69 所示的支付宝页面，点击"卡包"。

步骤 **3** ▶ 找到"医保电子凭证"，如图 13-70 所示，点击"立即添加"。

步骤 **4** ▶ ① 在同意协议前面打上"√"，② 然后点击"无需证件，刷脸激活"，如图 13-71 所示。

▲ 图 13-70

▲ 图 13-71

步骤 **5** ▶ 把脸放入如图 13-72 所示的圆圈中，然后按照圆圈上方的提示进行操作即可。

步骤 **6** ▶ 如图 13-73 所示，认证成功了，就不用管它了，会自动返回。

步骤 **7** ▶ 向医院出示图 13-74 的这个码就可以用了。

▲ 图 13-72

▲ 图 13-73

▲ 图 13-74

13.3 支付宝，让出行更简单

喜欢旅游、出去玩的长辈朋友们，不用下载任何软件，我们可以使用支付宝预订飞机票、火车票，而且我们还可以使用支付宝打车呢！

❶ 如何用支付宝订机票/火车票

步骤 **1** ▶ 在手机桌面上找到"支付宝"图标，如图 13-75 所示，点击它。

步骤 **2** ▶ 进入支付宝页面，点击"出行"，如图 13-76 所示。

步骤 **3** ▶ 如果想要订火车票，就点击"12306"，如果想要订飞机票，就点击"机票"，这里我以订火车票为例来说明一下，①点击"12306"，②点击选择出发城市，③点击选择目的地城市，④点击选择出发日期，⑤最后点击"查询车票"，如图 13-77 所示。

▲ 图 13-75

▲ 图 13-76

▲ 图 13-77

步骤 4 ▶ 找到合适的列车时刻，如图 13-78 所示，点击它，通过上下滑动我们可以查看到更多的车票信息。

步骤 5 ▶ 同一趟车，会有商务座、一等座、二等座、卧铺等不同的席位，我们选择自己想要购买的席位，点击"预订"，如图 13-79 所示。

步骤 6 ▶ 第一次使用，需要先登录 12306，点击"一键授权登录 12306，如图 13-80 所示。

步骤 7 ▶ 12306 需要获取我们的个人信息，姓名、身份证号、电话等，如图 13-81 所示，此处点击"同意"。

步骤 8 ▶ 我们使用 12306，必须同意协议，所以点击"同意协议并认证"，如图 13-82 所示。

▲ 图 13-78

步骤 **9** ▶ 把脸放到图 13-83 所示的圆圈里，然后按照圆圈上方的提示做动作，进行验证。

步骤 **10** ▶ 出现如图 13-84 所示的页面，表明认证成功，系统会自动返回订票页面，不用处理，等待即可。

▲ 图 13-79

▲ 图 13-80

▲ 图 13-81

▲ 图 13-82

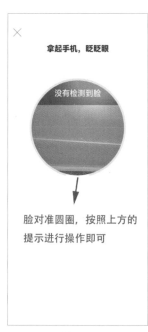

▲ 图 13-83

▲ 图 13-84

步骤 **11** ▶ 授权登录 12306 后，我们会再次返回列车时刻页面，找到适合自己的时刻、席位，再次点击"预订"，如图 13-85 所示。

步骤 **12** ▶ 订票的时候，有的朋友喜欢靠窗，这里我们还可以选择座位，①先点击选择座位，②然后点击"提交订单"，如图 13-86 所示。

步骤 **13** ▶ 选择好车次、席位、座位后，我们就进入如图 13-87 所示的页面，点击"立即支付"就可以了。

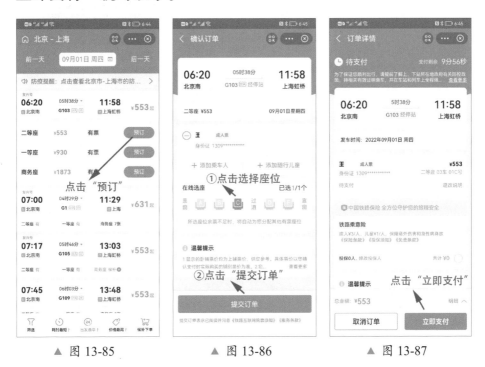

▲ 图 13-85　　　　　▲ 图 13-86　　　　　▲ 图 13-87

订票成功后，按照订票的时间、地点按时检票上车就可以了。

❷ 如何用支付宝打车

步骤 **1** ▶ 在手机桌面上找到"支付宝"图标，如图 13-88 所示，点击它。

步骤 **2** ▶ 进入支付宝页面，点击"出行"，如图 13-89 所示。

步骤 **3** ▶ ①点击"打车"，②然后点击"同意"，支付宝就能获取我们的位置信息等，如图 13-90 所示，这样它就可以自动定位我们所在的位置，选择上车地点了。

步骤 **4** ▶ ①自动定位你在的位置，②然后点击"你要去哪儿"输入目的地信息，如图 13-91 所示。

步骤 **5** ▶ ①输入一个关键词，然后下面会出现很多相关的地址，②点击确切的下车地址就可以了，如图 13-92 所示。

步骤 **6** ▶ ①点击车型后面的圆圈，打上"√"，②然后点击"同时呼叫"就可以了，如图 13-93 所示。

▲ 图 13-88

▲ 图 13-89

▲ 图 13-90

▲ 图 13-91

▲ 图 13-92

▲ 图 13-93

　　司机接单之后，我们就可以看到具体的车牌号等信息了，我们只需要在我们定位的地点等待司机来接我们就可以了。

13.4 学会查找并收藏支付宝小程序，让我们的生活更加便捷

步骤 **1** ▶ 在手机桌面上找到"支付宝"图标，如图 13-94 所示，点击它。

步骤 **2** ▶ 在图 13-95 中 Q（放大镜）位置进行搜索。

步骤 **3** ▶ ①输入要搜索的小程序的名字，②然后点击"搜索"，如图 13-96 所示。

▲ 图 13-94

▲ 图 13-95

▲ 图 13-96

步骤 **4** ▶ 找到需要查找的小程序，点击打开它，如图 13-97 所示。

步骤 **5** ▶ 这里我以"北京健康宝"为例来说明一下如何将小程序收藏到自己的支付宝里，点击右上角的"…"，如图 13-98 所示。

步骤 **6** ▶ 在弹出的选项中，点击"收藏到我的小程序"，如图 13-99 所示。

步骤 **7** ▶ 出现如图 13-100 所示的页面，就表明收藏成功了。

步骤 **8** ▶ 收藏成功的支付宝小程序在哪里查找呢，当我们打开支付宝，进入支付宝页面后，点击如图 13-101 所示的"我的小程序"。

步骤 9 ▶ 在"我的收藏"里就可以看到我们收藏的"北京健康宝"小程序了，如图 13-102 所示。

▲ 图 13-97

▲ 图 13-98

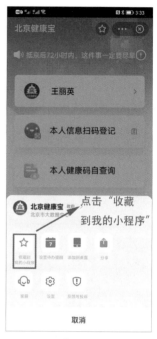

▲ 图 13-99

▲ 图 13-100

▲ 图 13-101

▲ 图 13-102

第 14 章

淘宝，足不出户家里也可以应有尽有，送货上门真方便

▶ 现在购物非常方便，不用去商场，在网上我们就可以买到我们想买的任何东西，既便宜，又方便，还能送货上门。

14.1 如何注册淘宝

注册登录自己的淘宝账号，我们就可以在网上购物了，登录后，我们还可以查看我们买过什么东西，我们买的东西物流到哪里了，关注自己喜欢的品牌、店铺等。

步骤 **1** ▶ 在手机桌面上找到"淘宝"图标，如图 14-1 所示，点击它。

步骤 **2** ▶ 第一次登录"淘宝"会出现相关协议，点击"同意"，如图 14-2 所示。

▲ 图 14-1

▲ 图 14-2

步骤 3 ▶ 出现如图 14-3 所示的页面，我们点击右下角的"注册／登录"。

步骤 4 ▶ 进入如图14-4所示的注册页面后，点击"立即注册"。

▲ 图 14-3

▲ 图 14-4

步骤 5 ▶ ①输入注册的手机号码，②然后在同意协议前面打上"√"，③最后点击"立即注册"，如图 14-5 所示。

步骤 6 ▶ 输入自己手机收到的短信验证码，如图 14-6 所示。

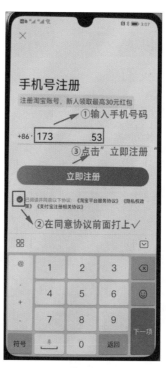

▲ 图 14-5

▲ 图 14-6

步骤 7 ▶ 执行上述操作后，会出现如图 14-7 所示的页面，如果确定将淘宝跟自己的支付宝账号绑定，就在同意协议前面打上"√"，然后点击"确定"；如果不同意就点击"取消"，这个不影响我们注册淘宝，只是在淘宝上买东西付款的时候，是需要淘宝跟支付宝相互绑定的。

步骤 8 ▶ 如图 14-8 所示，注册淘宝就成功了。

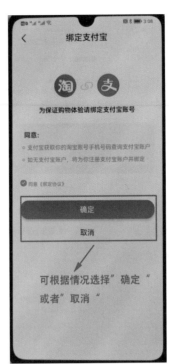

▲ 图 14-7

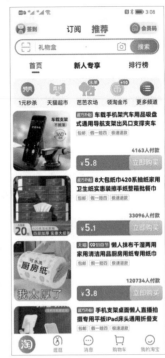

▲ 图 14-8

14.2 如何在淘宝上买东西

在淘宝上，我们可以搜索并购买自己需要的物品，操作非常简单、容易。

步骤 1 ▶ 在手机桌面上找到"淘宝"图标，如图 14-9 所示，点击它。

步骤 2 ▶ 点击图 14-10 中标注的位置，我们就可以搜索自己喜欢的物品了。

▲ 图 14-9

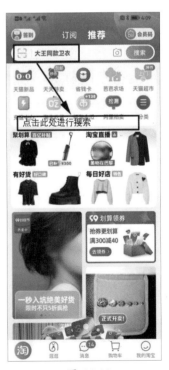

▲ 图 14-10

步骤 **3** ▶ ①首先输入想要搜索的物品的关键词，②然后点击"搜索"，如图 14-11 所示。

步骤 **4** ▶ 我们可以通过上下滑动手机屏幕，查看到更多的相关物品，想要买哪个商品，就点击那个商品，如图 14-12 所示。

▲ 图 14-11

▲ 图 14-12

步骤 **5** ▶ ①先点击"加入购物车"，②然后点击右上角的购物车的标志，如图 14-13 所示。

步骤 **6** ▶ 在如图 14-14 所示的位置输入收件地址。

▲ 图 14-13

▲ 图 14-14

步骤 7 ▶ ①按照前面所示内容，分别输入收货人、手机号码、详细地址等，②然后可以点击将"设为默认收货地址"开关打开，这样以后我们买东西的时候就会将这个地址默认为收件地址了，③最后点击"保存"，如图 14-15 所示。

步骤 8 ▶ ①点击支付方式后面的圆圈，打上"√"，选中支付方式，②然后点击"提交订单"就可以了，如图 14-16 所示。

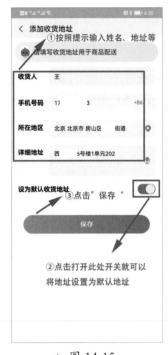

▲ 图 14-15　　　　▲ 图 14-16

在淘宝上购买东西非常方便，淘宝上的品类也非常齐全，基本上可以找到我们喜欢的所有物品。

14.3 如何查看物流信息

在网上购买了商品后，我们如何查看我们的商品是否发货了，具体已经运送到哪里了，还有多久可以到达我们的手中？用下述方法我们就可以查看我们的物流信息。

步骤 1 ▶ 在手机桌面上找到"淘宝"图标，如图 14-17 所示，点击它。

步骤 2 ▶ 进入淘宝后，点击右下角的"我的淘宝"，如图 14-18 所示。

步骤 3 ▶ 点击"待收货"，就可以查看正在运送中的所有商品了，如图 14-19 所示。

步骤 4 ▶ 找到需要查看物流的商品，点击商品下面的"查看物流"，我们就可以查看商品的物流信息了，如图 14-20 所示。

步骤 **5** ▶ 出现如图 14-21 中所显示的页面，表明已经签收了，如果我们想看更加具体的信息，就点击图 14-21 中的"详细信息"。

步骤 **6** ▶ 如图 14-22 所示，我们就可以查看详细的物流信息了。

▲ 图 14-17

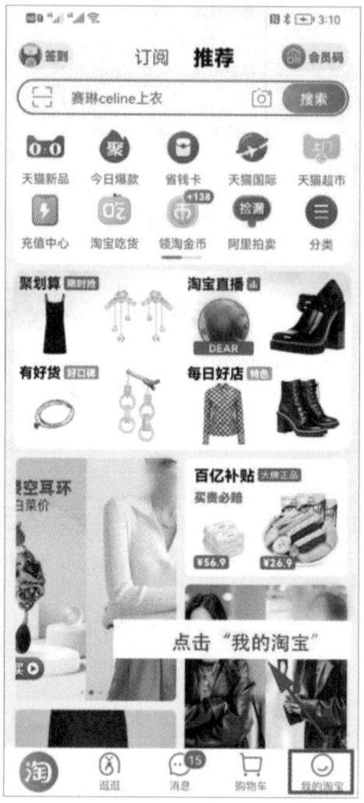

▲ 图 14-18

▲ 图 14-19

▲ 图 14-20

▲ 图 14-21

▲ 图 14-22

学会查看商品的物流信息，我们就可以知道商品大概什么时候可以到达自己的手中了。

14.4 如何退货

在淘宝上买了东西后不喜欢，或者试过后不合适，不要担心，淘宝上的商品大部分都可以七天无理由退货。

步骤1 ▶ 在手机桌面上找到"淘宝"图标，如图 14-23 所示，点击它。

步骤2 ▶ 进入淘宝后，点击右下角的"我的淘宝"，如图 14-24 所示。

步骤3 ▶ 点击"全部"，我们就可以看到自己在淘宝买的所有商品的订单了，如图 14-25 所示。

▲ 图 14-23

▲ 图 14-24

▲ 图 14-25

步骤4 ▶ 想退掉哪件商品，就点击那件商品，如图 14-26 所示。

步骤5 ▶ 如图 14-27 所示，点击"申请售后"。

步骤 **6** ▶ 如果没收到货，就点击"我要退款（无需退货）"；如果收到货了，就点击"我要退货退款"，一般情况下，都是收到货才退货，所以大部分情况下，点击"我要退货退款"，如图 14-28 所示。

▲ 图 14-26

▲ 图 14-27

▲ 图 14-28

步骤 **7** ▶ 如图 14-29 所示，点击"退款原因"，选择自己的退款原因。

步骤 **8** ▶ ①选择退款原因，在原因后面的圆圈上点击一下，打上"√"，即可选中，②然后点击"完成"，如图 14-30 所示。

步骤 **9** ▶ 如图 14-31 所示，点击选择退货方式。

步骤 **10** ▶ 建议可以选择"上门取件"，点击后面的圆圈，打上"√"，就可以选中了，选中后，点击图 14-32 中的"确认"。

步骤 **11** ▶ 选择好上门取件的时间和地址后，点击"提交"就可以了，如图 14-33 所示。

步骤 **12** ▶ 提交退货申请后，我们等商家通过就可以了，因为我们选择的是上门取件，就在家等待快递上门就可以了，如图 14-34 所示。

▲ 图 14-29   ▲ 图 14-30   ▲ 图 14-31

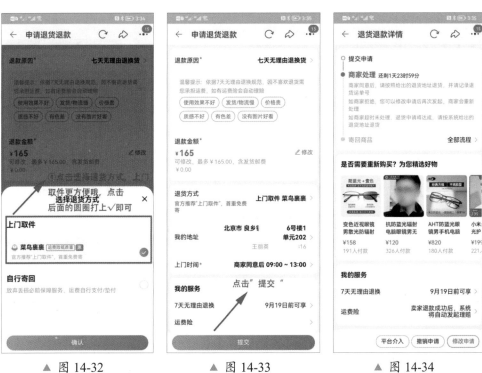

▲ 图 14-32   ▲ 图 14-33   ▲ 图 14-34

　　学会退货后，如果我们自己购买到的商品不喜欢，就可以随时退掉，这样能够避免我们的经济损失。

第15章

美团外卖，长辈的好帮手，吃饭、买药都可以靠它，随叫随到

▶ 有时候，不想出门买菜或不想做饭，在美团外卖上，可以随时选择我们喜欢的美食，直接送货上门，还可以使用它买药，非常方便。

15.1 如何注册美团外卖

步骤 **1** ▶ 在手机桌面上找到"美团外卖"图标，如图 15-1 所示，点击它。

步骤 **2** ▶ 点击"同意"，美团外卖就能够获取我们的位置信息，这个很重要，美团会根据我们的位置，为我们推荐附近的美食等，所以此处点击"同意"即可，如图 15-2所示。

▲ 图 15-1

▲ 图 15-2

步骤 **3** ▶ 这里美团会获取我们的位置权限，所以我们点击"仅使用期间允许"即可，如图 15-3 所示。

步骤 **4** ▶ 此时我们就进入美团外卖应用了，我们点击右下角的"我的"，如图 15-4 所示。

▲ 图 15-3

▲ 图 15-4

步骤 **5** ▶ 执行上述操作后，出现如图 15-5 所示的页面，点击头像处的"登录/注册"，我们就可以注册自己的"美团外卖"账号了。

步骤 **6** ▶ 我们可以选择使用手机号注册，①先输入自己的手机号，②然后在同意协议前面打上"√"，③最后点击页面中的"获取短信验证码"即可，如图 15-6 所示。

▲ 图 15-5

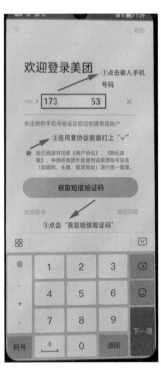

▲ 图 15-6

步骤 **7** ▶ 在如图 15-7 所示的位置输入自己手机收到的短信验证码。

步骤 **8** ▶ 向下滑动屏幕，找到"我的地址"，如图 15-8 所示，点击它。

▲ 图 15-7

▲ 图 15-8

步骤 **9** ▶ ① 按照前面的提示，先在相应的位置输入门牌号、手机号、联系人等，② 然后点击"保存地址"，如图 15-9 所示。

步骤 **10** ▶ 出现如图 15-10 所示的页面，地址输入成功了，也就注册成功了。

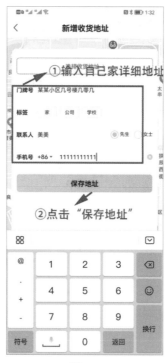

▲ 图 15-9

▲ 图 15-10

15.2 着急取送东西，我们可以使用美团跑腿

忘记带东西，着急给别人送东西，自己又比较忙，我们可以使用美团外卖来搞定，让别人替我们跑腿，简直太方便了。

步骤**1** ▶ 在桌面上找到"美团外卖"图标，如图 15-11 所示，点击它。

步骤**2** ▶ 进入美团后，找到"跑腿"，如图 15-12 所示，点击它。

步骤**3** ▶ ① 在图 15-13 中相应的位置选择自己需要的服务，比如我选择"帮我送"，点击它就可以了，②点击图 15-13 中的寄件地址，一般情况下会默认为我们输入的美团外卖的地址，我们也可以点击它输入新的地址，③点击"填写收件地址"输入收件地址。

步骤**4** ▶ ①输入收件地址时，我们只需要按照图 15-14 中提示的内容依次输入地址、门牌号、联系人、电话即可，②然后点击"保存并使用"。

▲ 图 15-11

▲ 图 15-12

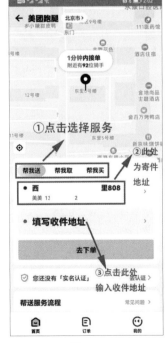

▲ 图 15-13

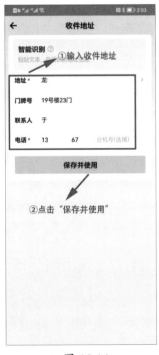

▲ 图 15-14

步骤 **5** ▶ 如图15-15所示，收件地址就输入成功了，然后我们点击"请选择物品信息"输入要送的物品的类型。

步骤 **6** ▶ ①点击选择"物品类型"，比如我送的是文件，我就点击"文件"，②选择后，点击"确定"，如图15-16所示。

▲ 图 15-15

▲ 图 15-16

步骤 **7** ▶ ①点击"已阅读并同意《帮送服务协议》"前面的圆圈，打上"√"，②然后点击"提交订单"，如图15-17所示。

步骤 **8** ▶ ①选择支付方式，点击后面的圆圈，打上"√"，②然后点击"确认支付"，如图15-18所示。

支付成功后，我们就在家等待跑腿人员上门取件就可以了。

▲ 图 15-17

▲ 图 15-18

15.3 使用美团买药，既方便又便宜

美团外卖的功能非常强大，我们还可以使用它买药，即使家门口的药店关门了，不用我们自己出门，也能买到想买的药，非常方便。

步骤 **1** ▶ 在手机桌面上找到"美团外卖"图标，如图 15-19 所示，点击它。

步骤 **2** ▶ 进入美团外卖后，点击"美团买药"，如图 15-20 所示。

▲ 图 15-19

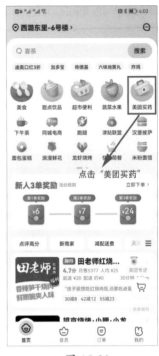

▲ 图 15-20

步骤 **3** ▶ 在图 15-21 中所示的位置搜索自己想要买的药。

步骤 **4** ▶ ①先输入药品名称等关键词，②然后点击图中的"搜索"，如图 15-22 所示。

▲ 图 15-21

▲ 图 15-22

步骤 5 ▶ 在图 15-23 的搜索结果中，找到自己想要买的药，然后点击它。

步骤 6 ▶ 进入商品详情页后，点击"领券购买"如图 15-24 所示。

▲ 图 15-23

▲ 图 15-24

步骤 7 ▶ 在如图 15-25 所示的页面点击"提交订单"。

步骤 8 ▶ ①选择支付方式，只需要点击它后面的圆圈，打上"√"，②然后点击"确认支付"，如图 15-26 所示。

　　支付成功我们就购买成功了，只需要在家里等待上门送药就可以了。

▲ 图 15-25

▲ 图 15-26

15.4 不会做饭，不想做饭，我们可以使用美团订外卖

美团外卖最强大的功能当属外卖了，不会做饭，不想做饭，我们都可以用它来搞定。想吃什么就点什么，不仅品种齐全，而且速度也非常快。

步骤 1 ▶ 在手机桌面上找到"美团外卖"图标，如图 15-27 所示，点击它。

步骤 2 ▶ 因为我们开启了位置信息，我们向下滑动页面就能看到家附近所有的店了，当然我们也可以直接在图 15-28 中 Q（放大镜）的位置进行搜索。

步骤 3 ▶ ①输入自己想吃的饭店的名称，当然也可以输入自己想吃的食物，这里我输入饭店名称，②然后点击"搜索"，如图 15-29 所示。

步骤 4 ▶ 如图 15-30 所示，相关的店铺就在下面了，通过上下滑动我们可以看到更多店铺的信息，点击选择店铺。

▲ 图 15-27

▲ 图 15-28

▲ 图 15-29

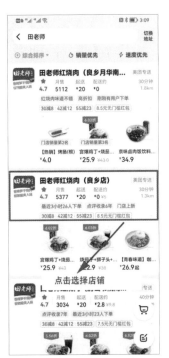

▲ 图 15-30

步骤 **5** ▶ ①点击食物后面的"＋"，我们就可以选择食物了，前面的数字代表份数，②选择好后，我们点击"去结算"，如图 15-31 所示。

步骤 **6** ▶ ①先点击选择我们的收货地址，如果不选择，就默认选择美团外卖上的地址，②然后点击"美团红包"，使用红包，能够给我们省钱哦！③最后点击"提交订单"，如图 15-32 所示。

▲ 图 15-31

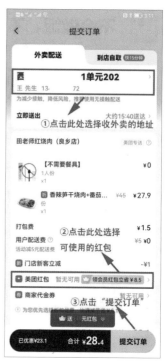

▲ 图 15-32

步骤 **7** ▶ ①选择支付方式，同样是点击后面的圆圈，打上"√"，就可以选中了，②然后点击"确认支付"即可，如图 15-33 所示。

支付成功后，我们在家等待就可以了，你喜欢的美食很快就可以送到了。

▶ 图 15-33

出行、娱乐与安全篇

05

PART

第 16 章

有了百度地图，天南地北任你闯

▶ 出门不知道路该怎么走，我们可以使用百度地图搞定，不管是自己开车、步行，还是乘坐交通工具，都可以使用百度地图进行导航。

16.1 开车如何使用百度地图导航

步骤 1 ▶ 在手机桌面上找到"百度地图"图标，如图 16-1 所示，点击它。

步骤 2 ▶ 进入百度地图后，点击如图 16-2 所示 Q（放大镜）的位置，可以进行搜索。

步骤 3 ▶ ①先输入目的地关键词，下方会有很多目的地选项，②点击即可选择详细的目的地地址，如图 16-3 所示。

步骤 4 ▶ 如图 16-4 所示，点击"导航"，就可以进入导航页面了。

步骤 5 ▶ 我们开车按照语音提示及图 16-5 地图上显示的内容走就可以到达目的地了。

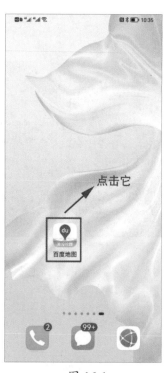

▲ 图 16-1

▲ 图 16-2

▲ 图 16-3

▲ 图 16-4

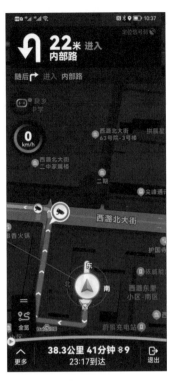

▲ 图 16-5

开车时，学会使用百度地图，想去哪里就去哪里，即使不认识路也没有关系。

16.2 步行如何使用百度地图导航

想要去附近的地方不知道怎么走，我们可以使用百度地图进行步行导航，出门再也不担心迷路了。

步骤 1 ▶ 在手机桌面上找到"百度地图"图标，如图 16-6 所示，点击它。

步骤 2 ▶ 点击如图 16-7 所示 Q （放大镜）的位置，进行搜索。

步骤 3 ▶ ①输入有关目的地的关键词，下方会出现很多选项，②找到离自己最近的位置点击就可以选择更加具体的目的地信息了，如图 16-8 所示。

步骤 4 ▶ 如图 16-9 所示，点击"到这去"。

步骤 5 ▶ ①首先点击选中"步行"，②然后点击右下角的"开始导航"，如图 16-10 所示。

步骤 **6** ▶ 我们根据语音提示及如图 16-11 所示地图上的指示就可以到达目的地了，最下方还能够显示离达目的地有多远呢。

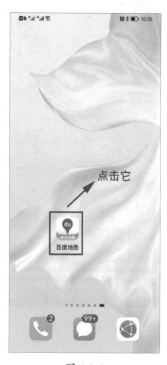

▲ 图 16-6

▲ 图 16-7

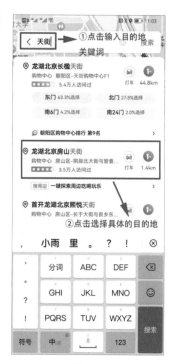

▲ 图 16-8

▲ 图 16-9

▲ 图 16-10

▲ 图 16-11

学会使用步行导航，我们就可以直接到达具体的目的地了，非常方便。

16.3 如何使用百度地图查询公交、地铁线路

很多长辈非常喜欢旅游，但是不清楚乘车路线，我们可以使用百度地图查询公交、地铁线路，想去哪里就去哪里，再也不用麻烦别人了。

步骤 1 ▶ 在手机桌面上找到"百度地图"图标，如图 16-12 所示，点击它。

步骤 2 ▶ 点击图 16-13 中 Q（放大镜）的位置，就可以进行搜索。

步骤 3 ▶ ①先输入有关目的地的关键词，然后下方就会有很多选项，②点击选择离自己目的地最近的地址，如图 16-14 所示。

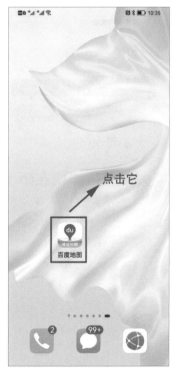

▲ 图 16-12

▲ 图 16-13

▲ 图 16-14

步骤 4 ▶ 出现如图 16-15 所示的页面，点击"到这去"。

步骤 5 ▶ ①首先点击"公共交通"，然后下方会出现很多乘车线路，而且还会显示乘车总时长，②点击选择最满意的具体的乘车线路，如图 16-16 所示。

步骤 **6** ▶ 乘车线路非常详细，到哪里乘车，分别时长是多少，都有显示，只需要按照乘车线路走，我们就可以到达目的地了，如图 16-17 所示。

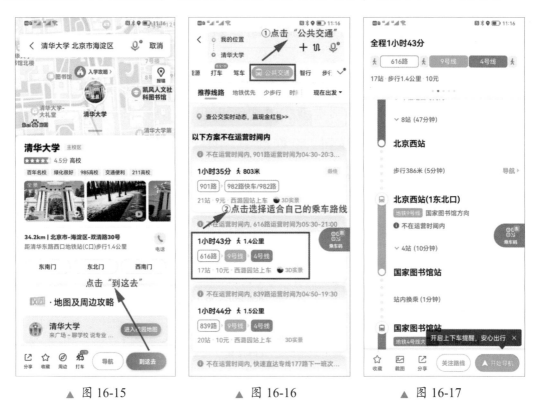

▲ 图 16-15　　　　　　▲ 图 16-16　　　　　　▲ 图 16-17

　　学会使用百度地图查看公交线路图，想去哪里就去哪里，即使在陌生的城市也不用担心迷路。

第17章

腾讯视频，电影、电视剧任意看，再也不用守在电视机旁等更新了

喜欢追剧，每天守在电视机旁边等更新，有时候有其他的事情要忙，很容易错过，学会使用腾讯视频，我们就可以在平台上随时查找并观看自己想看的电影或电视剧，再也不用担心错过想看的电影或电视剧了。

17.1 如何登录腾讯视频

步骤1 ▶ 在手机桌面上找到"腾讯视频"图标，如图 17-1 所示，点击它。

步骤2 ▶ 使用腾讯视频需要同意图 17-2 所示的协议，点击"同意"即可。

步骤3 ▶ 微信是我们非常常用的手机软件，几乎每个人都有，为了方便记忆，我们可以选择"微信登录"，如图 17-3 所示。

步骤4 ▶ 腾讯视频要获取我们的微信头像、昵称等信息，点击"允许"即可，如图 17-4 所示。

步骤5 ▶ 如果点击图 17-5 中的"允许"，腾讯视频就会获得我们的微信好友关系，所以我们可以根据自己的情况选择"允许"或"拒绝"，两个选择都不会影响我们对腾讯视频的正常使用。

步骤6 ▶ 这一步如果点击图 17-6 中的"允许"，腾讯视频就会帮助我们分享信息到朋友圈，所以我

▲ 图 17-1

们可以根据自己的情况选择"允许"或"拒绝"，两个选择都不会影响我们对腾讯视频的正常使用。

步骤7 ▶ 出现图 17-7 所示的页面，表明登录腾讯视频就成功了，首页上都是最近热播的电影或者电视剧哦！

▲ 图 17-2

▲ 图 17-3

▲ 图 17-4

▲ 图 17-5

▲ 图 17-6

▲ 图 17-7

　　登录腾讯视频，我们就可以获取自己的观看历史，方便自己继续观看电影或电视剧，而且我们也可以下载自己喜欢看的电影或电视剧，出门旅行的时候就再也不用担心自己无聊了，也不用担心浪费手机流量。

17.2 如何查找并观看自己喜欢的电影或电视剧

　　在腾讯视频上，我们可以随时查找观看自己想看的电影或电视剧，而且可以一次性观看全集，太爽了。

　　步骤 1 ▶ 在手机桌面上找到"腾讯视频"图标，如图 17-8 所示，点击它。

　　步骤 2 ▶ 点击图 17-9 中 Q（放大镜）的位置，就可以输入影视剧名或演员名等进行搜索了。

　　步骤 3 ▶ ①我们先输入关键词，比如我输入演员名，②然后点击"搜索"，如图 17-10 所示。

▲ 图 17-8

▲ 图 17-9

▲ 图 17-10

步骤 4 ▶ 图 17-11 显示了搜索结果，想看哪个影视剧，就点击那个。

步骤 5 ▶ 出现图 17-12 所示的页面，就可以播放影视剧了，我们可以顺序播放，还可以想看哪一集就点击那一集。

学会使用腾讯视频观看影视剧太方便了，我们不仅可以查看自己想看的影视剧，而且想看哪一集就看哪一集。

▲ 图 17-11

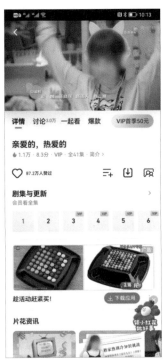

▲ 图 17-12

17.3 在腾讯视频上观看的影视剧没看完，如何接着看

电影、电视剧没看完，自己又不记得看到哪里了，腾讯视频上有观看历史，这样我们就可以接着上次的进度观看了。

步骤 1 ▶ 在手机桌面上找到"腾讯视频"图标，如图 17-13 所示，点击它。

步骤 2 ▶ 进入腾讯视频后，点击右下角的"个人中心"，如图 17-14 所示。

▲ 图 17-13

▲ 图 17-14

步骤 3 ▶ 在观看历史中，就有所有我们看的影视剧的进度了，想继续观看哪个影视剧，点击那一个就可以继续观看了，如图 17-15 所示。

步骤 4 ▶ 图 17-16 显示的影视剧接着上次的进度播放了。

▲ 图 17-15

▲ 图 17-16

17.4 如何下载电影、电视剧

出门旅游，担心路上无聊，我们可以下载一些影视剧在路上观看，而且不用担心会浪费流量。

步骤 1 ▶ 在手机桌面上找到"腾讯视频"图标，如图 17-17 所示，点击它。

步骤 2 ▶ 点击图 17-18 中 🔍（放大镜）的位置就可以搜索自己想下载的影视剧了。

▲ 图 17-17

▲ 图 17-18

步骤 3 ▶ ①我们可以输入关键词进行下载，可以输入影视剧的名称，也可以输入演员的名字，②然后点击"搜索"，如图 17-19 所示。

步骤 4 ▶ 想下载哪个影视剧，就点击那个影视剧，如图 17-20 所示。

步骤 5 ▶ 如图 17-21 所示，找到下载标志，然后点击它。

▲ 图 17-19

▲ 图 17-20

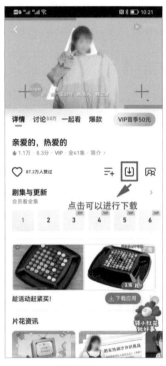

▲ 图 17-21

步骤 6 ▶ ①点击图 17-22 中相应位置，我们可以设置下载的视频的清晰度，②点击"多选"，我们可以同时下载多集影视剧视频。

步骤 7 ▶ ①想下载哪个视频，就点击那个视频，选中后，②点击下方的"确定缓存"，如图 17-23 所示。

步骤 8 ▶ 如图 17-24 所示，出现"已缓存文件"就是正在下载的文件，我们点击它就可以查看下载进度。

　　下载好视频再观看，出门的时候就不用担心无聊了，而且也不用担心自己手机的流量不够用。

▲ 图 17-22

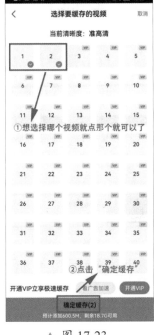

▲ 图 17-23

▲ 图 17-24

17.5 如何观看腾讯视频下载好的影视剧

我们在腾讯视频中下载好的影视剧在什么位置呢，我们应该如何查看呢？

步骤 **1** ▶ 在手机桌面上找到"腾讯视频"图标，如图 17-25 所示，点击它。

步骤 **2** ▶ 进入腾讯视频后，点击右下角的"个人中心"，如图 17-26 所示。

步骤 **3** ▶ 进入个人页面后，找到"我的下载"，点击它，如图 17-27 所示。

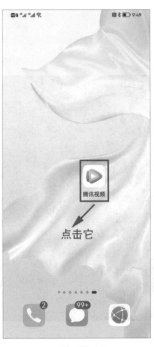

▲ 图 17-25

▲ 图 17-26

步骤 **4** ▶ 下载的文件都是用影视剧的名称命名的，想看哪个影视剧，就点击那个，如图 17-28 所示。

步骤 **5** ▶ 想看哪集影视剧，就点击那一集就可以了，如图 17-29 所示。

步骤 **6** ▶ 出现图 17-30 所示页面，影视剧就可以播放了。

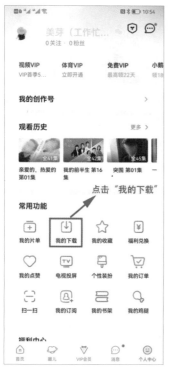

▲ 图 17-27

▲ 图 17-28

▲ 图 17-29

▲ 图 17-30

第18章

喜马拉雅，你喜欢听的书这里都有

▶ 有很多长辈朋友非常喜欢听书，以前听书都是使用收音机，现在手机软件的功能已经非常强大了，使用喜马拉雅听书，我们可以找到任何自己想要收听的内容，再也不用守在收音机旁了。

18.1 如何在喜马拉雅上找到自己喜欢听的内容

步骤 **1** ▶ 在手机桌面上找到"喜马拉雅"图标，如图 18-1 所示，点击它。

步骤 **2** ▶ 点击图 18-2 中 Q（放大镜）的位置，就可以进行搜索了。

步骤 **3** ▶ ①先在图 18-3 中 Q（放大镜）的位置点击输入自己想要搜索的内容，②然后点击"搜索"。

▲ 图 18-1

▲ 图 18-2

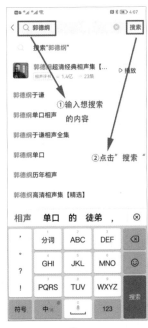

▲ 图 18-3

步骤 **4** ▶ 通过上下滑动屏幕就能搜索到更多相关的内容，找到自己想要收听的内容，然后点击它，如图 18-4 所示。

步骤 **5** ▶ 想收听哪集，点击那一集就可以了，如图 18-5 所示。

步骤 **6** ▶ 出现如图 18-6 所示的页面，我们就可以播放想听的内容了，点击图中的圆圈，就可以暂停，再点一下，就可以继续收听了。

▲ 图 18-4

▲ 图 18-5

▲ 图 18-6

学会如何在喜马拉雅上查找想收听的内容，我们可以想听什么就听什么，再也不用守在收音机旁边等待了。

18.2 如何查看自己在喜马拉雅上的收听历史并继续收听

听书的时候，因为临时有事没有听完，如何查找到上次的收听历史，并继续收听？其实非常简单。

步骤 **1** ▶ 在手机桌面上找到"喜马拉雅"图标，如图 18-7 所示，点击它。

步骤 **2** ▶ 进入喜马拉雅后，点击右下角的"我的"，如图 18-8 所示。

步骤 **3** ▶ ①点击"历史"，我们就能够看到自己在喜马拉雅上所有的收听历史了，想要继续收听哪个内容，就点击那个内容，如图 18-9 所示。

步骤 **4** ▶ 出现图 18-10 所示页面，我们想要继续收听的内容，就会按照上次的收听进度继续播放了。

学会如何查找收听历史，我们再也不用去记收听历史了，随时都能够查看自己的所有收听历史，并且继续播放。

▲ 图 18-7

▲ 图 18-8

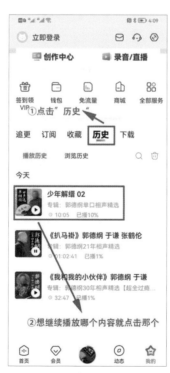

▲ 图 18-9

▲ 图 18-10

18.3 如何在喜马拉雅上下载自己想听的内容

出门旅行，担心路上无聊，可以提前下载一些自己想要收听的内容，在旅行路上收听，而且提前下载好，也不用担心自己的手机流量不够用哦！

步骤 1 ▶ 在手机桌面上找到"喜马拉雅"图标，如图 18-11 所示，点击它。

步骤 2 ▶ 进入喜马拉雅后，点击图 18-12 中 Q（放大镜）的位置，进行搜索。

▲ 图 18-11

▲ 图 18-12

步骤 3 ▶ ①先输入自己想要下载的内容，②然后点击"搜索"，如图 18-13 所示。

步骤 4 ▶ 点击搜索结果中想要下载的内容，如图 18-14 所示。

▲ 图 18-13

▲ 图 18-14

步骤 **5** ▶ 自己想要下载的内容中，具体的分集就都显示出来了，想要下载哪一集，就点击那一集后面的下载的标志就可以了，如图 18-15 所示。

步骤 **6** ▶ 如图 18-16 所示，想要下载的内容已经添加到下载列表了。

▲ 图 18-15

▲ 图 18-16

18.4 如何查看自己在喜马拉雅上下载的内容

自己在喜马拉雅上下载的内容在哪里呢？我们该去哪里查找呢？

步骤 **1** ▶ 在手机桌面上找到"喜马拉雅"图标，如图 18-17 所示，点击它。

步骤 **2** ▶ 进入喜马拉雅后，点击右下角的"我的"，如图 18-18 所示。

▲ 图 18-17

▲ 图 18-18

步骤 **3** ▶ ①点击"下载"，我们就可以看到自己所有下载的作品的列表了，②想要收听哪个下载的内容，就点击那个，如图 18-19 所示。

步骤 **4** ▶ 出现图 18-20 所示的页面，下载的作品就可以播放了，放心收听吧，它不会浪费手机流量的！

▲ 图 18-19

▲ 图 18-20

第19章

腾讯新闻，世界消息都知道，再也不用死守晚上七点钟了

以前我们观看新闻，都是等到晚上七点，守候在电视机旁，准时收看新闻联播，现在手机的功能越来越强大，使用手机，我们就可以随时随地查看我们喜欢的新闻内容，而且还可以评论和分享呢。

19.1 如何登录腾讯新闻

为什么要登录腾讯新闻呢？登录后，看到我们喜欢的新闻，我们就可以点赞，而且还可以发表评论呢！不仅可以看新闻，而且可以发表自己的看法，跟网友一起讨论。

步骤 1▶ 在手机桌面上找到"腾讯新闻"图标，如图 19-1 所示，点击它。

步骤 2▶ 第一次登录使用腾讯新闻，需要先同意一下相关的协议，点击"同意"，如图 19-2 所示。

▲ 图 19-1

▲ 图 19-2

步骤 **3** ▶ 进入腾讯新闻后，点击右下角的"未登录"，如图 19-3 所示。

步骤 **4** ▶ 因为几乎人人都有微信，所以我建议使用微信登录，①首先在"同意隐私条款和软件许可协议"前面打上"√"，②然后点击微信图标，就可以用微信登录了，如图 19-4 所示。

▲ 图 19-3

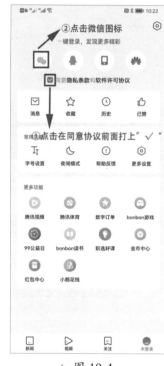

▲ 图 19-4

步骤 **5** ▶ 腾讯新闻需要获取我们的头像、昵称等信息，点击"允许"即可，如图 19-5 所示。

步骤 **6** ▶ 出现如图 19-6 所示的页面，表明登录腾讯新闻成功了。

▲ 图 19-5

▲ 图 19-6

19.2 如何查找并阅读自己喜欢的新闻内容

想要看新闻，我们除了看一些首页推荐的热点新闻，还可以搜索自己想看的新闻，而且操作非常简单。

步骤 **1** ▶ 在手机桌面上找到"腾讯新闻"图标，如图 19-7 所示，点击它。

▲ 图 19-7　　　　▲ 图 19-8

步骤 **2** ▶ 点击图 19-8 中 Q（放大镜）的位置，进行搜索。

步骤 **3** ▶ ①先输入想要搜索的内容，②然后点击"搜索"，如图 19-9 所示。

步骤 **4** ▶ 图 19-10 显示了搜索的相关内容，滑动屏幕就可以看到更多的新闻了，想要查看哪条新闻就点击那条。

▲ 图 19-9　　　　▲ 图 19-10

步骤 5 执行上述操作后，新闻就显示出来了，我们可以正常阅读了，如图 19-11 所示。

▶ 图 19-11

19.3 如何将新闻转发分享给好友

刷到喜欢的新闻，想要跟好友一起分享，我们可以这样操作。

步骤 1 在观看新闻的时候，右上角有"…"，如图 19-12 所示，点击它。

步骤 2 想要分享到哪个平台就点击那个平台，比如想分享给微信好友，就点击"微信好友"，如图 19-13 所示。

▲ 图 19-12

▲ 图 19-13

步骤 **3** ▶ 想要分享给谁，就点击谁的头像，如图 19-14 所示。

步骤 **4** ▶ 如图 19-15 所示，点击"分享"即可。

步骤 **5** ▶ 如图 19-16 所示，显示"已发送"，即为分享成功。

▶ 图 19-14

▲ 图 19-15

▲ 图 19-16

19.4 如何评论、点赞新闻

遇到我们喜欢的新闻，我们不仅可以观看，还可以点赞、评论新闻，跟网友一起讨论。

❶ 如何点赞自己喜欢的新闻

步骤 ▶ 新闻右下角有一个竖大拇指的标志，如图 19-17 所示，点击它，变成红色即为点赞成功。

▲ 图 19-17

❷ 如何评论腾讯新闻

步骤 **1**▶ 在新闻下方有一个笔的标志，点击它就可以评论，如图 19-18 所示。

步骤 **2**▶ ①点击如图 19-19 所示位置输入评论内容，②然后点击"发布"。

▲ 图 19-18

▲ 图 19-19

步骤 **3**▶ 点击如图 19-20 所示的位置，就可以查看自己的评论了。

步骤 **4**▶ 出现图 19-21 所示页面，评论就成功了，而且自己的评论在最上面哦！

▲ 图 19-20

▲ 图 19-21

第 20 章

玩转抖音短视频，给自己的生活加点料！

▶ 现在长辈使用手机非常流畅，很多长辈朋友也非常喜欢玩短视频，不仅可以刷到自己喜欢的视频内容，而且还可以在抖音平台上发布视频，跟众多网友一起分享自己的生活呢。

20.1 如何登录注册抖音

在抖音上，我们需要有一个自己的身份，跟网友进行沟通，这就需要我们注册自己的抖音号，而且我们不仅可以设置头像、昵称，我们还可以设置简介介绍自己呢！

步骤 **1** ▶ 在手机桌面上找到"抖音"图标，如图 20-1 所示，点击它。

步骤 **2** ▶ 登录注册抖音，①首先我们要在同意协议前面打上"√"，②使用哪个手机号注册，就输入那个手机号，③最后点击"验证并登录"，如图 20-2 所示。

▲ 图 20-1 ▲ 图 20-2

步骤 **3** ▶ 在如图 20-3 所示的位置输入自己收到的短信验证码。

步骤 **4** ▶ 出现如图 20-4 所示的页面，就表明登录成功了，登录后，我们还需要设置头像、昵称、简介，编辑自己的个人资料，点击右下角的"我"就可以进入自己的个人主页了。

▲ 图 20-3

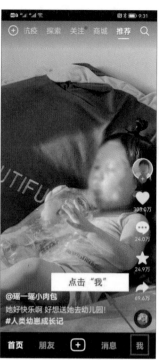

▲ 图 20-4

步骤 **5** ▶ 点击图 20-5 中的"编辑资料"，我们就可以设置自己的个人信息了。

步骤 **6** ▶ 点击"点击更换头像"，我们就可以更换头像了，如图 20-6 所示。

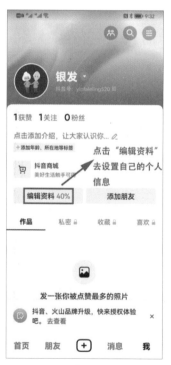

▲ 图 20-5

▲ 图 20-6

步骤 **7** ▶ 我们点击"拍一张"就可以去拍一张照片作为头像，也可以点击"从相册选择"，我们就可以从相册中选择照片作为头像。这里我以从相册中选择为例来说明，所以我点击"从相册选择"，如图20-7所示。

步骤 **8** ▶ 想要选择哪张图片作为头像，就点击那张照片就可以了，如图20-8所示。

▲ 图 20-7

▲ 图 20-8

步骤 **9** ▶ 我们可以用手指移动图片裁剪图片，裁剪完成后，我们点击右上角的"完成"，如图20-9所示。

步骤 **10** ▶ 出现图20-10所示的页面，表明更换头像成功了，我们点击"名字"就可以修改自己的名字了。

▲ 图 20-9

▲ 图 20-10

步骤 **11** ▶ ①先输入新的名字，②然后点击右上角的"保存"就可以了，如图 20-11 所示。

步骤 **12** ▶ 出现如图 20-12 所示页面，表明名字设置成功了，点击"简介"，我们就可以设置自己的个性签名了。

▲ 图 20-11

▲ 图 20-12

步骤 **13** ▶ ①先输入个性签名简介，②然后点击右上角的"保存"，如图 20-13 所示。

步骤 **14** ▶ 出现如图 20-14 所示的页面，表明简介设置成功了，一般情况下，设置好头像、姓名、简介就可以了，如果想设置更多的个人资料，我们点击对应的选项去设置就可以了，非常简单。

▲ 图 20-13

▲ 图 20-14

20.2 认识抖音主页上的各个键

刷抖音的时候，我们会看到推荐页上有很多键，那么这些键都有什么用处呢，我们一起来看一下。

步骤 ▶ ①点击图 20-15 上方的"关注"，我们就可以看到我们关注的所有博主最近更新的视频了；②点击"推荐"，就是抖音的主页，也就是推荐页，这里是抖音根据我们平时的兴趣给我们推荐的视频；③点击 Q（放大镜）的标志，我们就可以搜索了，不仅可以搜索自己感兴趣的内容，还可以搜索博主、道具等；④点击头像下面的加号"+"，我们就可以关注这个博主了；⑤点击爱心"♥"，就是点赞；⑥点击 3 个点的标志"💬"，是评论，点击它，我们就可以输入自己的评论内容，而且还可以查看更多精彩的评论内容；⑦点击五角星"★"，我们就可以收藏自己喜欢的抖音视频；⑧点击箭头"➡"，我们就可以把自己刷到的有意思的视频分享给好友；⑨点击转动的碟片，我们就可以拍同款

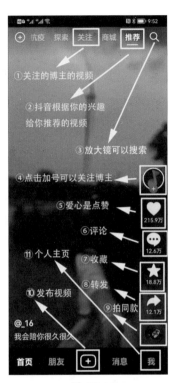

▲ 图 20-15

视频了；⑩点击图下方的加号"⊕"，我们就可以去发布抖音视频了；⑪点击图右下角的"我"，我们就可以进入自己的个人主页了。

20.3 认识抖音个人主页上的各个键

关注的人，点赞、收藏的视频，不知道去哪里了，只需要清楚抖音个人主页上的各个键的用途，我们就再也不会"迷路"了。

步骤 ▶ ①点击图 20-16 左上角的"关注"，我们就可以查看自己所有关注的人的列表了；②点击图中的"粉丝"，我们就可以查看有哪些人关注了我们；③点击图中的"编辑资料"，我们就可以编辑自己的个人资料了，在这里我们可以设置自己的头像、昵称、简介等内容，设置好这些内容，就能更加方便别人了解我们；④点击图中的作品，我们就可以看到自己发布的所有的作品了；⑤点击图中的"私密"，我们就可以看到我们设置成私密的所有作品了；⑥点击图中的"收藏"，我们就可以查看到自己收藏的所有作品了，即我们点过五角星的所有作品；⑦点击图中的"喜欢"，我们就可以看到自己点赞过的所有作品了。

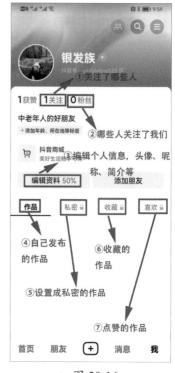

▲ 图 20-16

20.4 如何发布抖音视频

学会如何在抖音上发布视频，我们就可以把更多美好的生活瞬间分享给更多的朋友，通过分享视频，我们还可以交到更多志同道合的好友呢！

步骤1 ▶ 在手机桌面上找到"抖音"图标，如图 20-17 所示，点击它。

▲ 图 20-17

步骤 **2** ▶ 进入抖音后，点击"＋"，我们就可以拍摄或者发布视频了，如图 20-18 所示。

步骤 **3** ▶ 我们可以点击图 20-19 下方中间红色的圆圈去拍摄视频，也可以点击"相册"去自己的相册选择已经拍摄好的视频。

步骤 **4** ▶ 这里我以拍摄视频为例来给大家做个说明，按住中间的圆圈不动，我们就可以拍摄视频了，松手视频就可以拍摄完成了，圆圈上面的秒数代表视频的时长，如图 20-20 所示。

▲ 图 20-18

▲ 图 20-19

▲ 图 20-20

步骤 **5** ▶ 拍摄好视频，①我们可以点击"选择音乐"给视频选择合适的音乐，选择好音乐后，②点击"下一步"，如图 20-21 所示。

步骤 **6** ▶ ①我们可以点击图 20-22 左上角的方框输入视频的文案，填写好文案后，②然后点击"发布"就可以了，如图 20-22 所示。

步骤 **7** ▶ 如图 20-23 所示，抖音视频就发布成功了。

▲ 图 20-21

▲ 图 20-22

▲ 图 20-23

20.5 遇到自己喜欢的视频该怎么办？如何操作才能随时找到自己喜欢的视频

我们可以收藏或者点赞视频！

❶ 如何点赞抖音视频，点赞的视频在哪里查找

遇到我们自己喜欢的视频，我们可以点赞视频，点赞的视频在我们个人主页中就可以找到。

步骤 1 ▶ 点击视频旁边的爱心"♥"，我们就可以点赞视频了，点赞成功的视频，爱心会变成红色，点击右下角的"我"，我们就可以去自己的个人主页查找视频了，如图 20-24 所示。

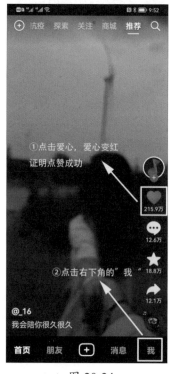

▲ 图 20-24

步骤 2 ▶ ①点击个人主页上的"喜欢"，②我们就可以查看所有自己点赞过的视频了，如图20-25所示。

❷ 如何收藏抖音视频？收藏的视频在哪里查找

遇到我们自己喜欢的视频，我们不仅可以点赞视频，还可以收藏视频，收藏的视频在我们个人主页中就可以找到。

步骤 1 ▶ ①点击视频旁边的五角星"★"，我们就可以收藏视频了，收藏成功的视频，五角星会变成黄色，②点击右下角的"我"，我们就可以去自己的个人主页查找视频了，如图20-26所示。

步骤 2 ▶ ①点击个人主页上的"收藏"，②自己收藏的作品就都在这里了，如图20-27所示。

学会点赞和收藏视频，我们就再也不用担心找不到自己喜欢的视频了。

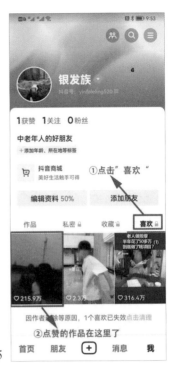

▶ 图 20-25

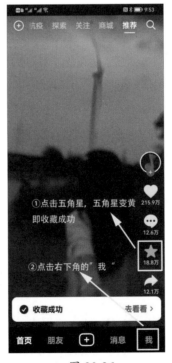

▲ 图 20-26

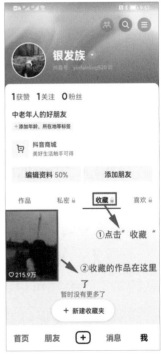

▲ 图 20-27

第**21**章

注意信息安全，如何识别手机骗局，守护自己的财产安全

▶ 智能手机的使用，给我们的生活带来了许多的便利，但同时也产生了一些新的隐患——许多心怀不轨的人，利用互联网的隐蔽性进行诈骗。为了保障自己的财产安全，我们一定要掌握一些防骗知识，知道对于哪些信息，我们应该提高警惕，以及要学会使用防诈骗软件保护自己的财产安全。

21.1 学会使用国家反诈中心 App，守护自己的财产安全

❶ 如何注册登录国家反诈中心 App

步骤**1** ▶ 在手机桌面上找到"国家反诈中心"，点击它，如图 21-1 所示，没有的可以用我教大家的方法去官方的应用商城下载一下。

步骤**2** ▶ 出现图 21-2 中所示的"服务协议和隐私政策"，大家可以阅读一下，点击"同意"即可。

步骤**3** ▶ 要保障我们的安全，国家反诈中心 App需要获得我们手机的一些权限，点击"允许"即可，如图 21-3 所示。

步骤**4** ▶ 继续点击"允许"，如图 21-4 所示。

▲ 图 21-1

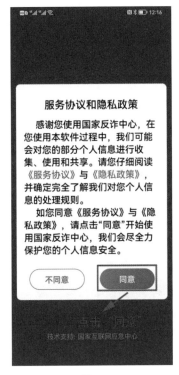

▲ 图 21-2

▲ 图 21-3

▲ 图 21-4

步骤 **5** ▶ ①上下滑动选择省、市、区，②然后点击"确定"，如图21-5所示。

步骤 **6** ▶ 点击"快速注册"，如图21-6所示。

步骤 **7** ▶ ①输入注册手机号，点击后面的"获取验证码"，②输入收到的短信验证码，③设置登录密码，④在"注册即同意《服务协议》和《隐私政策》"前面打上"√"，⑤最后点击"确定"，如图21-7所示。

步骤 **8** ▶ 执行上述操作后，我们注册国家反诈中心App就成功了，可以继续完善自己的信息，点击"继续完善"，如图21-8所示。

步骤 **9** ▶ 点击"去身份认证"，如图21-9所示。

步骤 **10** ▶ ①依次输入自己的姓名、身份证号，②然后点击"去人脸识别"，如图21-10所示。

步骤 **11** ▶ 出现如图21-11所示的页面，点击"仅使用期间允许"，允许国家反诈中心App拍摄照片和录制视频即可。

步骤 **12** ▶ 将人脸放入图21-12中的圆圈内，按照圆圈下方的提示做动作进行验证即可。

步骤 13 ▶ 出现图 21-13 所示的页面，表明登录注册国家反诈中心 App 成功了。

▲ 图 21-5

▲ 图 21-6

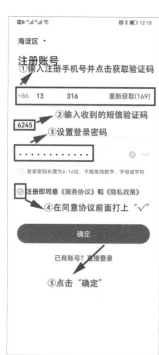

▲ 图 21-7

▲ 图 21-8

▲ 图 21-9

▲ 图 21-10

▲ 图 21-11

▲ 图 21-12

▲ 图 21-13

❷ 如何设置国家反诈中心 App，识别诈骗电话、短信等

步骤**1** ▶ 在手机桌面上找到"国家反诈中心"，如图 21-14 所示，点击它。

步骤**2** ▶ 进入"国家反诈中心"后，点击"来电预警"，如图 21-15 所示。

步骤**3** ▶ 来电预警开启后，就能够准确地帮我们识别诈骗电话及诈骗短信了，点击"立即开启"，如图 21-16 所示。

步骤**4** ▶ 悬浮窗一般不需要开启，点击"✕"关闭就可以了，如图 21-17 所示。

步骤**5** ▶ 点击"联系人""通话记录""短信"后面的任意一个"去开启"，我们都可以将短信预警跟通话预警同时开启，我点击"联系人"后面的"去开启"，如图 21-18 所示。

▲ 图 21-14

步骤 6 ▶ 开启通话预警及短信预警，国家反诈中心需要获取我们的一些手机权限，点击"允许"即可，如图 21-19 所示。

步骤 7 ▶ 执行上述操作后，出现如图 21-20 所示的页面，继续点击"允许"。

▲ 图 21-15

▲ 图 21-16

▲ 图 21-17

▲ 图 21-18

▲ 图 21-19

▲ 图 21-20

步骤 **8** ▶ 在图 21-21 所示的页面中点击 "允许"。

步骤 **9** ▶ 继续点击 "允许"，如图 21-22 所示。

步骤 **10** ▶ "联系人" "通话记录" "短信" 预警就全部开启了，如图 21-23 所示，非常简单！

▲ 图 21-21

▲ 图 21-22

▲ 图 21-23

❸ 如何使用国家反诈中心 App 进行风险查询

上网的时候会遇到一些网址，有时候也会收到一些短信，还有一些支付账户，我们不能够判断是否安全，这时候，可以使用国家反诈中心 App 进行风险查询。

步骤 **1** ▶ 在手机桌面上找到 "国家反诈中心"，如图 21-24 所示，点击它。

步骤 **2** ▶ 进入国家反诈中心后，点击 "风险查询"，如图 21-25 所示。

步骤 **3** ▶ 比如你想查询网址等，①点击 "IP/ 网址"，②将网址粘贴到如图 21-26 所示的位置，③然后点击 "立即查询" 就可以了。

▲ 图 21-24

▲ 图 21-25

▲ 图 21-26

❹ **如何使用国家反诈中心 App 举报诈骗犯罪行为**

遇到诈骗行为，我们及时举报，可以有效提醒他人，谨防他人上当受骗。

步骤 **1** ▶ 在手机桌面上找到"国家反诈中心"，如图 21-27 所示，点击它。

步骤 **2** ▶ 进入国家反诈中心 App 后，点击"我要举报"，如图 21-28 所示。

步骤 **3** ▶ 出现如图 21-29 所示的一条提醒，点击"我知道了"就可以了。

步骤 **4** ▶ ①填上自己要举报的内容信息，②然后点击"提交举报"就可以了，如图 21-30 所示。

▲ 图 21-27

▲ 图 21-28

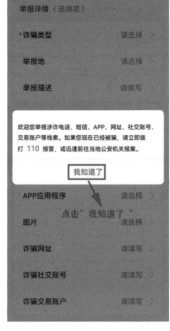

▲ 图 21-29

▲ 图 21-30

21.2 谨防上当，这些信息你一定要知道

❶ 陌生链接不要点

曾经有报道称某女士收到朋友发来的聚会拍的照片，后面跟着一串网址，其实这根本不是朋友发给她的，而是骗子的诡计。原来某女士收到的是犯罪分子以聚会照片为诱饵群发的带有木马病毒链接的短信。受害人一旦点开链接就有可能中毒，嫌疑人利用木马程序，窃取中毒手机的通讯录，再将短信发给通讯录里的人，获取更多人的个人信息，甚至远程操控手机，用于违法犯罪。

还有不少诈骗短信称，我们的银行卡消费出了异常，发来的银行链接都是虚拟的，以此达到诈骗钱财的目的。

因此，当我们收到陌生的链接时，千万不要随便打开，尤其是承诺有高额回报、有返利的，更要提高警惕，谨防上当。

❷ 陌生红包不要乱抢

抢红包是大家最喜欢的活动之一，但是很多人不知道，网络红包也藏着巨大的安全隐患，一不小心就有可能被不法分子骗走钱财。因为有的是被伪装成红包的木马程序，不小心点击了它，手机就会受到木马病毒的攻击，不法分子利用这些病毒盗取我们的银行账号和密码，以实现转账。

因此，如果你收到的红包不是熟人发的，或者是被拉入陌生的群里，千万不要乱点击它，免得损失钱财。

❸ 保护好个人信息

手机在给我们带来便利的同时，也给很多骗子带来了可乘之机，个人信息泄露就是最普遍的一种。身份证号、银行卡号和密码，以及其他的个人信息，我们都应该妥善保管，不要随便将这些信息告知他人，涉及手机验证码等信息，更不要轻易告知陌生人。